慢慢来，
一切都会云淡风轻

穆娅妮·著

中国华侨出版社

图书在版编目(CIP)数据

慢慢来,一切都会云淡风轻 / 穆娅妮著. —北京:
中国华侨出版社,2013.6

ISBN 978-7-5113-3642-2

Ⅰ.①慢… Ⅱ.①穆… Ⅲ.①人生哲学-通俗读物
Ⅳ.①B821-49

中国版本图书馆 CIP 数据核字(2013)第112894号

慢慢来,一切都会云淡风轻

著　　者 / 穆娅妮

责任编辑 / 文　慧

责任校对 / 高晓华

经　　销 / 新华书店

开　　本 / 870 毫米×1280 毫米　1/32　印张/8　字数/152 千字

印　　刷 / 北京建泰印刷有限公司

版　　次 / 2013 年 7 月第 1 版　2013 年 7 月第 1 次印刷

书　　号 / ISBN 978-7-5113-3642-2

定　　价 / 28.00 元

中国华侨出版社　北京市朝阳区静安里 26 号通成达大厦 3 层　邮编:100028

法律顾问 : 陈鹰律师事务所

编辑部 : (010)64443056　　64443979

发行部 : (010)64443051　　传真 : (010)64439708

网址 : www.oveaschin.com

E-mail : oveaschin@sina.com

前言
Preface

>>> **云淡风轻方是人生大美**

在西方《圣经》中给人类描述了一个美好的未来，让摩西带领族众前往奶与蜜之地。对美好生活的向往，一直以来是人类忍受苦难和披荆斩棘的动力。我们相信，在历经千辛万苦之后，一定能够如同唐僧一样取得大乘真经，就此开启美丽生活的大门。

以前，这样惊心动魄的梦想并不匮乏，历史书中几乎比比皆是。然而，生活在当今的一些人，却往往有一种感觉，生活变得如此平庸和乏味。在我们的日常生活中，没有激动人心的英雄，没有惊险刺激的传奇，没有跌宕起伏的冒险。事实上，现代科技和商业体系给我们带来的，确实是一个与以前有所不同的社会。

西方学者本雅明的研究影响着近百年来的人文思潮。他就指出，我们已经处在一个机械工业的时代，"经验贬值了。而且看来它还在贬，在朝着一个无底洞贬下去。无论何时，你只要扫一眼报纸，就会发现它又创了新低，你都会发现，不仅外部世界的图景，而且精神世界的图景也是一样，都在一夜之间发生了我们从来以为不可能的变化。"

生逢这样的时代，我们应该怎样寻觅通向美丽之地的道路？

没错，我们的生活已经不可能再如以前那样富有传奇色彩，而日益便捷的沟通工具也让地球变得这样小，也让我们的生活显得如此透明。不过，正是这样一个透明的社会，让有些人觉得生活有些乏味。不过，生活并不等于生命。生活可以越来越简单，越来越透明，生命却永远丰富而复杂。

面对充满不确定性的生命，每个人都有不同的应对。有些人沉迷在大开大合的风云变幻之中，有些人却偏爱云淡风轻的细水长流。我们想说的是，传奇人物永远只是人类中极小的一部分，而时代的变幻让普通人日渐成为生活的中心。对大多数人来说，柴米油盐酱醋茶才是生活的要义所在。

本书的目的就在于，让每一个关心蔬菜和交通的人，让每一个关心父母和儿女的人，让每一个朝九晚五上下班的人，都能够体会到生活的美丽。对我们来讲，事业顺心、爱情顺利、家庭和睦、父母健康、儿女孝顺，便是最大的追求，我们普通人的梦想，便是平安、踏实、满足地过好每一天。

要想实现这样的理想也很容易。关键就在于我们自己，会怎样去看待这个世界，又会怎样去改造这个世界。当如潮水般的琐碎小事突然迎面袭来，你是主动逃离，还是灵活应变？当同事总是和你恼气，你的项目眼看就要到期却毫无头绪，你是大吵一架还是另觅蹊径？当事情不那么圆满地结束的时候，你是得益于结果的实现，还是懊悔于细节的瑕疵？

书中自有黄金屋，书中自有颜如玉。我们或许不能给你一个满意的未来，但可以给你一个方向，告诉你普通人在现在的社会中应该如何寻觅属于我们自己的奶与蜜之地。

目录 Contents

第一章

慢步走

——每临大事有静气，方觉小意懒闲心

　　追求快乐仿佛成了人生的课题。当你行色匆匆地走在城市的钢筋水泥丛林中时，收获的只有满心疲惫，快乐似乎遥不可及。这时候，不妨慢一点，再慢一点，适当地放松你紧绷的神经，换一种平静的心态面对生活，你会发现快乐原来如此简单，幸福原来离你这么近。

放慢脚步，才不会错过美丽的风景

　　每个人都在追求快乐，其实快乐很简单。当你在繁忙的生活中，停下匆匆的脚步，让自己喘口气，你会发现许多不曾留意的美丽风景，心情自然也会变得快乐。休息是为了走更长的路。

　　有位女士特别喜欢一双鞋，自从买回来后几乎每天都会穿出门。虽然这双鞋出自名牌，质量极好，但在不到半年的时间里就磨坏了。这位女士只好拿到鞋匠那去修补，并对鞋匠抱怨这双鞋虚有其表，虽然好看，但是质量太差，只穿半年就坏了。鞋匠仔细检查了皮鞋后说："这双鞋的确非常漂亮，你是不是每天都穿出门？"女士说："是啊!"鞋匠笑道："这就难怪了。其实这双鞋质量很好，但是由于你天天穿，它的皮革和材质没有得到适当的休息，自然就容易被磨坏。"

　　修鞋匠一边修，一边与女士聊天，他说："我以前是农民，种过田的都明白一个道理，那就是同一块土地上不能年年都种植同样的农作物。如果今年种了玉米，明年就要改种土豆。"

　　这是因为，土地需要经过一段时间的休整才能发挥最大的效益。穿鞋和种田的道理其实是一样的。想要保持生命力，最重要的就是适当地休息。人类作为万物之灵更需要依循大自然的法则，保养顾惜。休息是健康的首要因素。当你休息充分，心情自然能够舒展，愉快的情绪才能有益于健康，这样你才能有旺盛的精力投入接下来的工作和学习。

　　如果用心观察，我们不难发现许多人之所以在工作中做出惊人成绩，并不一定是不分昼夜，不眠不休工作换来的。恰恰相反，他们当中许多人很重视休息，当他们感到疲惫的时候就会停下来休息片刻，这才赢得了健康的体魄和旺盛的精力，这也正是他们事业成功的基础和本钱。同样，我们在紧张忙碌的生活、工作中，更应该放松一下心中那根时刻绷紧的弦。

　　有人说，过度紧张和劳累是"百病之源"，这句话并非夸张。现代社会，"过劳死"的例子屡见不鲜。多少工作狂夜以继日地工作，就算不提极度疲惫之下的工作效率如何，长此以往，积劳成疾，终究贻害健康。

　　小文是一名销售员，在一家效益不错的私企工作五年多了。按照公司规定，每年有七天的年假，可是公司的销售部宣布，因任务压力过大，需要大家一起努力，暂停年假。以至于最近三年，小文一天年假都没有休过。小文每次看到别的部门的同事商量休年假去哪里旅行，心里都十分羡慕和不平衡，心里比猫抓还痒。她只能无奈地安慰自己，拿着比别人高的工资，似乎没假休也是"情有可原"的。其实，小文不休年假还有另外一个原因。她说："在销售部工作，竞争十分激烈，稍有懈怠，业绩就会落后别人一大截。如果去休个半个月的假，回来以后说不定自己的客户就被别人抢了，就是有人敢冒这个风险，也没人休得起这个假。"

　　处在和小文一样的情况下的人不胜枚举，大家都迫于沉重的生活压力和严苛的公司制度，他们在繁忙的工作中得不到一刻休息，不敢有丝毫松懈。而最终的结果往往不尽如人意，很有可能在某一天累趴下，进了医院。这时候打电话给领导请假，有的领导顺势还会说："好啊，刚好你就拿年假来养病吧。"

　　休假成了养病，无奈的还是自己。

　　心理专家认为，拥有一段高品质的假期，可以让我们静下来面对内心真实的需求，有时间来处理自己与内心的关系，自己和他人的关系，摆脱日常生活中消极应对、被动接受的状态，帮我们处理在日常生活中无法处理的关系，仔细倾听自己内心的声音。你会发现原来生活比想象中要美好。

成功就多了一块绊脚石

急功近利，

古人云："欲速则不达。"无论做什么事情，如果只执着于速度，急于求成，往往会忽略事物发展的过程，事倍功半。想要高效地解决问题，就不能急功近利，要等待有利时机。

有个小孩儿在草地上捡到了一只蛹，他带回家，想知道蛹如何羽化成蝴蝶。

他焦急地等待了几天，蛹的身上好不容易出现了一道小裂缝，里面的蝴蝶身体似乎被卡住了，蝴蝶努力挣扎，经过了好几个小时，一直出不来。

小孩儿急于亲眼见到飞舞的蝴蝶，心想："我必须帮一帮它。"小孩拿起剪刀把蛹剪开，帮助蝴蝶解开了困境。没想到蝴蝶的身体臃肿，翅膀干瘦，根本飞不起来。

小孩儿以为再过几小时，蝴蝶的翅膀会舒展开来，自然就能翩翩起舞了；可是他的希望落空了，那只蝴蝶过早地出生，注定要拖着臃肿的身子与干瘪的翅膀，永远无法展翅飞翔。

大自然的规律是非常玄妙的，每一个小生命的诞生都充满了神奇与庄严，瓜熟蒂落，水到渠成；蝴蝶一定得在茧中经历一番痛苦的挣扎，直到它的双翅强壮了，才有能力破茧成蝶，翱翔天空。小孩儿迫不及待地一剪，害了它的一生。

公元 1409 年 6 月，明成祖朱棣封丘福为征虏大将军，命他率十万精骑，讨伐谋叛的鞑靼主本雅失里。

丘福这人平时十分自大，容易轻敌。朱棣正是考虑到这一点，在大军出发前，特意告诫他说：出兵一定要谨慎，到达鞑靼地区如果没有发现可疑人员也要时时做好对抗的准备。他还进一步指示：不要贻误战机，也不要轻举妄动，不要被敌人的假象所蒙蔽。等到丘福率师北进后，朱棣又连下诏令，反复叫丘福要谨慎出战，切不可轻敌。

历经两月，丘福的军队长途跋涉到了鞑靼地区。他亲率一千多骑兵先行探路，当行进到胪朐河一带时，遭遇鞑靼军的散兵游勇。丘福指挥骑兵迎战，轻松打退敌兵，接着乘胜渡河，又俘虏了一名鞑靼小官。丘福向俘虏追问鞑靼主本雅失里的下落，这名俘虏正是鞑靼人派来侦察明军情况的奸细，便谎称本雅失里闻大军南来，便不战而退，惶恐北逃，离这里不过三十里。丘福听闻十分自得，信以为真，当即决定率先头部队前去攻杀。各位将领都不同意丘福的这一决定，觉得事有蹊跷，建议等大部队到齐了，仔细把敌情侦察清楚了再出兵。此时，丘福已经将朱棣的嘱咐全然抛向脑后，坚持出兵。他率部直袭敌营，连战两日均获小胜，鞑靼军且战且退，假装败走。这就更加助长了丘福的自负心理，让他越发轻敌。丘福一心想要生擒本雅失里，于是孤军直追。这时，他的部将纷纷上书谏言，劝丘福不可轻敌冒进，并提出谨慎保守的作战措施。但是，一心求胜的丘福根本听不进去，一意孤行，并下令说："违令者斩！"随即率军攻在前面，诸将不得不跟着前进。

很快，鞑靼的大军突然杀过来，顷刻间将丘福所率领的先头部队重重包围了。丘福等军士以寡敌众，拼命抵抗也无济于事，最后在突围时战死。丘福死后，明朝后续部队不战而退。

　　功名利禄就仿佛一副近视眼镜戴在了急功近利的人脸上，让他们变得目光短浅，只看得到眼前的蝇头小利，不做长远打算，容易犯下捡了芝麻丢了西瓜的低级错误。争一时之利，失长久发展最终也是得不偿失的。

　　急功近利者往往不能抓住成功的机遇反而容易错失成就事业的最佳时机，因为他们过早地把时间和精力耗费在短期获利的行为上，也许一时会得到些小利，但得到的终归微不足道。他们也没有长远的目光和耐心投资和等待真正能取得成功的机会。这样的人活得太累，不可能有真正的快乐和幸福，最终是碌碌无为不可取。

人生不成事还可能坏事
急浮于心，

俗话说"心急吃不了热豆腐"，说的就是心急反而坏事。曾有人说："吾人不良之习惯甚多。今欲改正，宜侬如何之方法耶？若罗列多条，而一时改正，则心劳而效少，以余经验言之，宜先举一条乃至三四条，逐日努力检点，既已改正，后再逐渐增加可耳。今春以来，有道侣数人，与余同研律学，颇注意于改正习惯。"

当一个人在改正以往的缺点和不良习惯时，很容易变得急躁，将缺点全部写出来，恨不得一下子全部改正，其实这样往往容易半途而废，还不如慢慢来，逐个击破，树立一个个小目标，反复修正和检查并且慢慢地增加一次改掉的缺点数。这样，反而更容易成功。

有一个叫司徒的女生个性急躁，稍有不合意就发脾气、不耐烦。小时候，她喜欢一样东西就要马上得到，否则就无休止地哭闹，弄得亲戚朋友不胜其烦，对她颇有微词。读书以后，因为父母早晨都很忙，没时间给她梳头，只好自己梳，有时落下一绺头发一时半会梳不上去，她就不耐烦地一把将这一绺头发拽下来。她成绩很好，遇到同学向她请教，她也乐于讲解，但是讲过一两遍对方还不明白，她就不耐烦地说："怎么还不明白呢?我都说过几遍了。"结果惹得同学很不高兴，不愿意再问她。原本一件助人的好事变成惹人反感的坏事。有时候，她也很后悔，但一着急就控制不住自己。每当别人要她重复一下刚才讲过的一句话，她都会不耐烦："我刚刚才说过的，谁叫你没听?"就这样，朋友们渐渐不再和她来往。

其实急躁是一种病态的心理，它的主要表现是焦躁不安。急躁的人往往都会心神不宁，面对急剧变化的社会，容易不知所措，心慌意乱，进而丧失对未来的信心。

从某种意义上讲，急躁不仅是取得成功最大的障碍，而且还是引发各种心理疾病的根源，它以多种多样的表现形式渗透到我们的日常生活和工作中。当今社会由于生活压力加大和生活节奏的加速，人们往往急于求成、缺乏信仰。遇到问题，便生了急躁之心，而正是因为这失衡的急躁之心作祟，使我们不仅无法做好事情，甚至可能因此付出沉重的代价。

有一位曾先生，他辛苦奋斗了几十年，攒了一些积蓄。后来，他看到周围有许多人做生意都发财了，便按捺不住，想要拿出自己的积蓄拼一把。他观察数日，发现当地个体客运生意兴隆，于是兴冲冲地买了一辆面包车跑客运。并且为了早日开张，节省开支，他让学驾驶还不到半年的儿子负责开车。结果开业第一天就出了车祸。车撞到了一位村妇，一下子赔进去数万元的医药费。生意还没赚钱，倒先赔上了。老曾又气又急，为了马上赚钱挽回损失，他不顾家人反对，又急忙添了一辆卡车跑货运。为了尽快多赚钱，他顾不上休息，让车子没日没夜地跑，车上出现一些小故障也懒得检修，不到一个月又出了一次车祸。更糟糕的是，他一心急着赚钱，连车辆最起码的保险费也没有交，结果只好单方面承担了十万元的责任赔偿。这么急匆匆地瞎折腾了两年，老曾不但没赚到钱，反而把几十年的积蓄也全都赔光了，还背了一身债。这个教训真可谓深刻！其实，如果他当时能够控制情绪，仔细冷静地去分析，多听听家人的建议，很多问题都是可以避免的。人一急躁则必然心浮，心浮就没有耐心深入事物的内部去仔细研究和探讨事物发展的客观规律，进而也无法认清事物的本质。气躁心浮，处事不稳，差错自然会多。急躁让人误事，浮躁却让人失去努力的方向。

明代边贡《赠高子》一诗里曾有一段这样的描述："少年学书复学剑，老大蹉跎双鬓白。"是讲有的年轻人刚要坐下学习书本知识，心里又惦记着去学习击剑，一心贪多，急浮于心，结果只有蹉跎光阴，到头来落得个白发苍苍、一事无成。

现代的竞争社会中，忙碌和紧张成了人们生活的标签。而这一普遍社会现象也造成了人们普遍的浮躁心理。在如今，人们很难有古人那般闲情逸致，煮酒下棋，谈天说地。人们追求速度、效率与解决问题的方法和捷径。

激烈的竞争与压力是导致我们一些人过于浮躁的直接原因。一个人过于浮躁会迷失努力的方向，而我们又该如何看待浮躁心理呢？

浮躁是现代人的一种普遍心理现象，具有冲动性、情绪性和盲目性。心理学认为，浮躁主要指由内在冲突所引起的表现为焦躁不安的一种情绪状态或人格特质。我们可以把它理解为与"扎实"、"沉稳"相对立的一种心理状态和行为方式。

每个人或多或少都会出现浮躁心理，而快节奏的社会环境更是促使了这一心理的扩大。在这个瞬息万变的物质世界中，欲望得不到满足时，内心就会变得浮躁。浮躁的心理会让一些人对自己失去准确定位，从而随波逐流、盲目行动，对自己的未来产生迷惘，更加看不清前进的方向。浮躁还会使我们缺乏快乐，且太过计较得失。

造成浮躁心理的另一个重要原因就是现代有些人的过度攀比。无止境的攀比，让人对自己的生存状态不满、充满抱怨，跳槽的想法也会油然而生。工作中，不少人把金钱当做自己努力奋斗目标。当一个人缺乏对自我能力的准确定位时，就会异常脆弱、敏感，外界稍有诱惑就会盲从。

浮躁是社会生产的大忌。员工浮躁了，产品的质量、生产的安全会大打折扣；领导浮躁了，判断力会受影响，导致决策错误；商家浮躁了，会急于推出新产品，疏忽质量把关，为马上获得利润而不择手段，甚至出现诸多造假的恶性事件。

你有浮躁心理吗？我们不妨对照以下症状或表现检视自己：

1.做事不能持之以恒，见异思迁，总想投机取巧。

2.面对急剧变化的社会，不知所为，手足无措，茫然不安。

3.在情绪上表现出一种不耐烦、迫不及待、急于求成的状态。

4.不加分析，莽撞行动，为达到获利的目的不择手段。

既然浮躁的负面影响如此之多，那怎样才能克服浮躁心理呢？

第一，不要盲目攀比，正确认识自己。

人们常常通过和他人比较来认识自己。这种方法固然没错，但是比较要得法，要在了解双方各方面实力具有可比性的基础上取长补短才有意义。不然，盲目的攀比只会造成心理失衡，比较得出的结论就会是扭曲的，不客观的。

第二，调整心态，不要急于求成。

年轻人有理想、有斗志是一件好事，对成功的追求与渴望也是人之常情，但这份心态必须有所克制，不能冒进。如果急于求成，幻想在短时间内各方面都做到最优秀，往往适得其反，什么事都做不好。一口吃不出一个胖子，凡事只有按部就班，循序渐进，才能成功。

第三，脚踏实地，让理想照进现实。

想要克服浮躁的心理，需要我们从实际出发考虑问题，实事求是地寻求解决办法，不能自以为是、好高骛远。这也是取得好的工作业绩的基础。

好的心态，是开启幸福之门的钥匙

　　读书的时候，成绩不好，有些人又常常责怪老师教得太差，工作以后，业绩不好，有些人又常常抱怨公司平台不好，领导外行等等。我们有些人已经习惯于把自己碌碌无为、经济拮据、诸事不顺的原因推卸到外部的客观条件上，就算反省自身，也认为是自己家庭背景不够雄厚，没有贵人相助，甚至怪到运气不佳等。但其实这些都不过是借口，真正影响我们人生的，只有自己的心态。一个人心态的好坏决定着他是否能够获得幸福。

　　如果一个人的心态消极，呈现出来的精神面貌就会是颓废的、缺少活力的，甚至更严重一点会导致郁结于心，对健康造成极坏的影响。《红楼梦》里的林黛玉就是一个典型的例子。

　　林黛玉身为金陵十二钗之首，婀娜娇美、聪慧无比，可谓才貌

双全。但同时她也是个体弱多病、多愁善感的病西施。林黛玉幼年
母亲去世，这对她的心灵造成了很大的伤害。自小缺少母爱呵护的
她进入贾府后，便把贾宝玉视为自己唯一的真爱和唯一的精神寄托。
然而在当时那个封建的社会大环境之下，林黛玉想要和贾宝玉拥有
一生一世一双人的理想化爱情几乎是不可能的。薛宝钗的出现让生
性多疑的林黛玉嫉妒不已，常常为一点小事发火，心情反复无常，
常常自寻烦恼，长期处于伤感和忧郁之中，身体越发消瘦，时常被
病痛折磨。因此当她得知贾宝玉与薛宝钗成为眷属时，一时承受不
住悲痛的心情，带着无限的愁怨，离开了人世。

　　林黛玉红颜薄命让人唏嘘。从心理学角度上看，她却是一名
典型的忧郁症患者。人生不如意事十之八九，在遭受诸如亲人死
亡、家庭变故、失恋、失业等突发事件后，人们的心中自然会产
生强烈的悲痛的心情，如果不能及时化解，就会郁结于心，让人
长期沉浸在低落的情绪中，闷闷不乐、意志消沉。长此以往，心
理承受巨大的压力很有可能产生自杀的念头和行为。

　　事实告诉我们，人们面对消极情况时所产生的行为与情绪，
要比面对积极情况时更加强烈与激动，而且很难在短时间内从负
面情绪中摆脱出来。当我们遭遇亲人离世、失恋、失业的时候，

我们往往会在瞬间跌入绝望的深渊，让自己沉溺在苦海之中，满怀沮丧，从此一蹶不振、忧郁而麻木地活着。这种种的消极负面的情绪交织成一张巨大的网禁锢着我们，我们越痛苦，大网就勒得越紧，最终把我们缠绕得遍体鳞伤、丧失元气。所以，我们不能让不良情绪和忧郁消极的思想有任何机会趁虚而入，因为它们会严重影响我们原本幸福的生活，甚至危害我们的健康。当遇到糟糕的事情时，如果能保持良好的心态，从另一个角度看待问题，也许你会发现生活远比你想象中更美好。

有位妻子愁眉苦脸地来到寺院烧香拜佛，请求禅师开示。她对禅师抱怨说："我的丈夫学历不高，每份工作都做不长久，收入也时高时低。他脾气暴躁，更糟糕的是，他前阵子还沾上了酗酒的坏毛病，这样的日子我实在是受不了了。我想跟他离婚。"禅师听后，并没有马上劝解她，而是提笔在白纸上写下一个"人"字，然后又分别在"人"字左右两边写下了"佛"和"鬼"两个字。妻子不解其意。禅师说："你的丈夫本来是个正常的人，但是你关注他魔鬼的一面，不停地浇水，所以他越来越糟，越来越像一个魔鬼；如果你能试着发觉他好的地方，向他佛性的一面浇水，也许你会重新认识你的丈夫。"妻子听后若有所思。

当她回到家再次面对自己的丈夫时，她重新审视了一番，想起丈夫平时勤劳、善良的一面，于是打消了离婚的念头，并积极帮助他改掉恶习。

婚姻是人生的重要组成部分，每个人在婚姻生活中总会遇到一些坎坷，我们每个人的另一半都不是完美的，有令人心动的优点也有让人愤恨的缺点。开启婚姻幸福大门最关键的钥匙是你的心态。有的人能够多看对方的长处，并努力帮助对方弥补不足，于是彼此变得更完美、更契合，婚姻也走得更长久、更幸福；而有的人只看到对方不好的一面，完全忽视了对方的优点，这种婚姻生活自然就充斥着抱怨和争吵，甚至于难以维持。

人生在世，除了婚姻，还有很多幸福的大门等着我们去开启。能够带来幸福的往往不是你多么能干、多么富有，而是你拥有一个健康积极的心态。

如何获得幸福？这个命题很大，答案却很简单。欢喜与烦恼、成功与失败，只在一念之间。幸福的定义不在于他人的评价，而是取决于我们内心。当我们被一些问题所困扰，被挡在幸福的大门之外时，不要急，放慢脚步，调整心态，幸福的大门自然会朝你敞开。

第二章

善归零

——牢骚太盛防肠断，风物长宜放眼量

生活中永远不会有一帆风顺。我们每个人都在追求快乐，但总会因为各种麻烦让我们不断地按下"暂停键"。每逢此时，有人"牢骚太盛"，纠结于给自己带来麻烦的各种问题，丧失了大好的进步时机；另外一些人则明白"风物长宜放眼量"，将目光放在未来，将纠结丢在脑后，结果就赢得了未来，获得了更长久的快乐和幸福。

快乐与否，取决于你如何去做抉择

英文谚语说，There is no way to happiness, happiness is the way。没有什么通向幸福的路，幸福就在脚下。一位哲学家说过："决定自己心情的，不是周围的环境，而是自己的心境。"一个人是否快乐，不是由别人决定，而是由自己决定的，而且只能是自己做出的选择。只要我们自己愿意选择快乐地生活，我们就能够享受快乐时光，人生就是这么简单。

环顾四周的人群，我们总会发现有许多天生残缺或后天残缺的人，然而，他们往往也能够对生活充满信心，既不埋怨上天对自己不公平，也不一味地乞求他人救济，反而能够自立自强，从身边大量的正常人中脱颖而出。其实，他们只不过少了平常人的一些忧虑，所以反而显得快乐一些。就像一位观察家所说，"我一直为自己没有一双漂亮的鞋子而感到痛苦，直到我看见别人没有脚"。对于一个人来说，能否感受到内心的快乐，外界环境的作用永远是次要的，关键是自己的选择与态度。

选择快乐，很多时候是一种充满刺激的决定。"因为快乐，所以我在任何事情上都会更容易取得成功；因为快乐，我就能更好地爱护周围的一切；因为快乐，我就会更加能够感受到自然的温暖；因为快乐，我就会……"这一系列排比句无非说明，快乐是普通人对生活中平常事情做出的有意义的选择，而这种选择会引导人走向更大的快乐。因为各种不同的原因，许多人选择了痛苦、沮丧、灰心做伴，结局就是和快乐越来越远。当我们回头看走过的路就会发现，并不是因为我们得到了什么才会快乐，而是我们选择了快乐，才会得到更多想要的愉悦。

快乐是自己选的，烦恼是自己找的。只要我们主动地倾向于选择快乐，那么生活就一定是快乐的。

甲、乙、丙、丁是世界上四个最幸运的年轻人，他们得到上帝的垂青，获准搭上"愿望列车"任意选择自己的未来。"愿望列车"有四个停靠站，分别是金钱站、亲情站、权力站、健康站。甲、乙、丙、丁这四个青年可以选择在任何一个车站下车。一旦他们选择了某个停靠站，在经过努力后，这个青年在这方面的发展就能够特别顺利地实现，而其他方面的成就则会相应失败一些。

很快，四个青年根据各自的追求做出了自己的选择。甲在"金钱站"下了车，乙在"亲情站"下了车，丙在"权力站"下了车，丁在"健康站"下了车。

30年过后，甲、乙、丙、丁四人不约而同地前往上帝那里倾诉自己的收获与遗憾。

甲说："谢谢上帝，我现在非常有钱，简直是富可敌国。只不过，年轻时为了挣钱，我非常严重地透支了生命，现在总有这样那样的疾病。由于工作需要，我常年经商在外，冷落了妻子，导致她离我而去。我还疏忽了对儿子的管教，结果他好吃懒做，成了扶不起的阿斗。现在我觉得自己很不幸，仁慈的上帝，请问我能否用自己所有的钱把这些幸福买回来？"

乙说："总的说来，我觉得很幸福，父母长寿，妻子贤惠，儿女孝顺，有一个和谐美满的家庭。可我的烦恼也挺多，父母至今没有外出旅游过，妻子没有享受过戴钻戒的快乐，儿女的单位也不是很好，而且为了帮助子女结婚、买房，家里欠了很多钱。

我能用亲情换些金钱和权力吗？我想让家人更加幸福。"

丙说："我有很大的权力，可是我却并不觉得特别幸福。很多时候，人家当面说的是赞美、讨好的话；背后却对我恶语谩骂。您看，我的这个啤酒肚简直到处都有毛病，可是逢着别人请客吃饭，不去还不行。只要你拒绝，他们就会说，你有点权力就摆谱。只要你坚持原则办事，亲戚们会说你六亲不认，朋友们会说你不讲义气。可是你要真让我徇私舞弊，自己心里又不踏实，而且搞不好就会进监狱。我多想拥有健康和亲情呀！"

丁说："我身体很健康，从没有去过医院，别人都非常羡慕我。可我的妻子却常常指责我不求上进，不懂得拼搏，说我没有魄力，像一头猪似的活着，抱怨我们家永远也过不上开私家车、住别墅的生活。为了这个，我常常感到很烦恼。上帝！我能不能用自己的健康换些钱和权力呢？"

上帝看了看这四个人，指了指在天上自由飞翔的小鸟，又指了指在笼中欢快跳跃的小鸟。然后上帝说："你们看，人其实就像这些小鸟一样，天空小鸟的快乐在于选择了自由，它选择与生活中的困难作斗争，并愿意与生存的艰辛始终搏斗。笼中小鸟的快乐，则在于它选择了丰衣足食的安逸，它轻松地在笼子里生活着，对于快乐，它有自己的一种感悟。其实，快乐源于选择，也决定于选择，快乐怎么样，完全要根据你们如何看待自己的选择。"

　　说到底，快乐与不快乐并没有绝对定义，如何理解它，取决于我们的态度和选择。故事中的那四个人，即使各自拥有了金钱、亲情、权力、健康这些最普通人眼中最美好的东西，他们也并不快乐，原因在于每个人都把目光投向了自己没有的东西。由于对自己做出的选择感到不满足，因而这些人对生活充满了忧虑，永远也就不会感到快乐和幸福。

　　对很多人来说，我们似乎整天都在忧虑，不是为自己不能挣更多的钱而忧虑，就是为逝去的时间而懊悔，或者为孩子读书不努力而担心，以及为明天的物价上涨而着急，我们几乎就生活在一个充满焦虑的世界里。任何事情都可以让我们为之忧虑，其实很多时候，放下那些东西就是快乐。大多数时候，我们的担心与忧虑对实际问题的解决没有丝毫作用，只会徒增自己的不快。假如我们尝试着去放下忧虑，就会发现虽然事情虽然不会改变，但我们的心情会完全改变。

　　一度位居大陆首富的企业家刘永好说过，拥有亿万财富的喜悦，与农民种红薯得到大丰收时候的喜悦，在内心的感受上其实是一样的。一定没有人认为，亿万财富与一堆红薯的价值是一样的。但这句话的含义却非常深刻：亿万财富与一大堆红薯，可以给予人们相同的快乐。我们没有能力挣亿万财富，那就应该重视那堆红薯，因为那可以带来同样的快乐。与其在焦虑中死气沉沉，不如在快乐中欢天喜地。

总而言之，我们务必放弃那些不必要也无意义的忧虑，不要把自己搞得筋疲力尽。永远记住，即便生活本身令人感到无奈，我们也有选择快乐的权利。只要一个人决心享受快乐，就没有不快乐的。快乐与不快乐，就在于我们自己的选择。

对自己的人生充满自信，从不抱怨

　　毛泽东在《赠柳亚子先生》这首诗中写道："牢骚太盛防肠断，风物长宜放眼量。"这两句诗歌的意思是：人的一生往往会遭到很多困扰与烦恼，但不应该牢骚满腹，而要放开眼界，从长远打算。纵观古今中外的成功人士，没有一个是一帆风顺的，但却没有一个是牢骚满腹、怨气连天的。他们不是没有困难，之所以没有抱怨，是因为他们对自己充满自信。

　　1962年，美国历史学会组织历史学家投票，选出了五位最伟大的美国总统。选举结果是，富兰克林·德拉诺·罗斯福排名第三，仅次于亚伯拉罕·林肯和乔治·华盛顿，他是美国历史上唯一一位连任四届的总统，也就是入主白宫时间最长的总统。在当时，罗斯福被公认为是世界历史上能够扭转乾坤的巨人之一。基于他在带领美国走出世界经济大危机上的国内政绩，以及他在世界第二次大战中发挥的作用，前英国首相温斯顿·丘吉尔对他做出了很高评价，他认为罗斯福是对世界历史影响最大的一位美国人。

众所周知，美国总统罗斯福是个残疾人，但他的自信却也是世人共知的。

在罗斯福一生的成长和事业中，自信起到了重要作用。39岁时，他患上脊髓灰质炎（俗称小儿麻痹症），但罗斯福没有抱怨命运的不公，而是凭着顽强的毅力积极配合治疗，最终得以幸免全身瘫痪；并且以顽强的毅力拄着双拐出现在1932年总统竞选的讲坛上，由此成为美国历史上唯一一位身患残疾的总统。在第一次就职演说中，美国社会正面临经济"大萧条"，针对此情此景，他说："首先，让我们表明自己的坚定信念：唯一值得我们恐惧的东西就是不可名状的、未经思考、毫无根据的恐惧，就是转退为进所需的努力陷于瘫痪的恐惧。"这一番讲话深刻地鼓舞了美国人，而美国也就此逐渐走出经济泥潭。

纵观罗斯福一生，他虽然身罹残疾，具有平常人难以想象的压力，但他从不抱怨，而是脚踏实地做自己的工作，追求自己的梦想。如果罗斯福像普通人一样埋怨发牢骚，姑且不说成功，像一个健全人一样地独立生活也很困难。正是积极的生活态度，让罗斯福从不埋怨，是自信成就了他的伟大，成就了他的丰功伟业。

那些喜欢抱怨的人，大多数都是因为对自己缺乏信心。正因为觉得自己没有能力改变个人境遇，抱怨才成了他们的发泄途径。有人认为，发发牢骚，心情就舒坦了，可以更好地工作。其实，这是一个"自相矛盾"的观念，在你不停抱怨的同时，自己的缺点也最大限度地暴露了出来，而这未必对改变生活中的不幸有任何帮助。我们不要把发牢骚这样最没用的事情当成了捍卫自己内心的盾牌，而应该建立自信，从解决问题的本质入手。

事实上，在不同的场合，每个人都或多或少地会有点不自信。当有人问我们：你是优秀的人吗？很多人会犹疑难决。也许那些当时恰好表现突出的人会作出肯定的回答。但如果继续问他们：你觉得自己是最优秀的人吗？这时能够作出肯定回答的，往往就寥寥无几了。

海伦·凯勒是美国有名的教育家，她是一位残障人士。不过，当许多人读过《假如给我三天光明》自传以后，都会对她肃然起敬，这是一个生活在黑暗中却又给人类带来光明的伟大女性。她认为："信心是一种心境，有信心的人不会在转瞬间就消沉沮丧。"实际上，当听到"你是优秀的人吗"这个问题时，许多犹豫不决甚至作出否定回答的人，在某个范围来说或许确实最优秀的，只是他们不敢相信自己，对个人价值缺乏信心，这才是他们作出否定回答最主要的原因。

美国著名成功学家拿破仑·希尔鼓励人们，一定要建立自信。他说：一个人在做事之前，不妨大喊50遍"我成功，因为我自信"，这样就可以获得某种精神动力。我们倒不用真的每次都这样呐喊，但欲成事者无论面对何种挫折，都应该有这种观念。

有一个墨西哥女人，为了过上更好的生活，她和丈夫、孩子决定一起移民美国。然而，当他们抵达美国和墨西哥交界的德克萨斯州艾尔巴索城时，她的丈夫却不辞而别，离她而去，留下自己束手无策地面对着两个嗷嗷待哺的孩子。22岁的她决定带着孩子，独自闯荡美国，哪怕饥寒交迫。就在这样的一刻，她告诉自己：我没有时间和精力去抱怨，我必须把自己和孩子都照顾好。

虽然口袋里只剩下几块钱，这个墨西哥女人还是毅然买下车票前往加州。到美国之后，她先在一家墨西哥餐馆里打工，每天从大半夜做到早晨 6 点钟，收入只有区区几块钱。然而她省吃俭用，努力储蓄，尽可能将每一分钱都存下来。她想要实现自己的梦想——开一家属于自己的墨西哥小吃店，专卖墨西哥肉饼。

直到有一天，她拿着辛苦攒下来的一笔钱跑到银行申请贷款。她说："我想买下一间店铺，经营墨西哥小吃。如果你们肯借给我几千块钱，那么我的愿望就能够实现了。"这个陌生的外地女人，没有财产抵押，也没有担保人，甚至于她自己也不知这个计划能否成功。但幸运的是，那位银行家佩服她的自信和胆识，决定冒险资助她。

这一年，墨西哥女人 25 岁。从那一天开始，她慢慢地经营起自己的墨西哥肉饼店。经过 15 年的努力，这间小吃店不断发展壮大，并陆续开了多家分店，最终拓展成为全美最大的墨西哥食品批发店。这个墨西哥女人就是拉梦娜·巴努宜洛斯。

这个坚强的女人终于成功了，她的故事里最让人震撼的部分就是从不抱怨。丈夫莫名奇妙地离开了自己和孩子，她没有埋怨；一个人带着孩子们辛苦地生活，她没有埋怨；自己想开家小店却没有资金，她还是没有埋怨。这个女人用坚强、自信还有努力代替了埋怨，所以，成功才会青睐她。

　　每个经历过挫折并在此后取得成功的人都有一个共同的体会，那就是不要老是埋怨一切。哭天抢地对于改变现实没有任何帮助，要想成功，就应该建立自信，只要相信自己，就能往前进步。只要自信，即使追求的目标如移山倒海般困难，就终有成功的一天。卡耐基说：自信才能成功。信心是人类所有的一种最坚强的内在力量，它能够帮助你度过最艰难困苦的时期，一直到曙光最终出现。信心从不会令人失望，它会帮助人发现和确认自身的价值和潜能，最终取得成功。

　　自信与胆量密切相关，二者都是通向成功的桥梁。自信可以生出胆量，同样，胆量也可以生出自信。自信能够给予强者勇气、力量和智慧，让他敢于做别人不敢做甚至不敢想的事。只要有足够的自信，一个丑女也有可能成为一位人人羡慕的王后。

　　战国时期的钟离春是我国历史上有名的丑女。据说，她额头前凸、双眼下凹、鼻孔向上翻翘、头颅宽大、头发稀少、皮肤黑红。不管是以古代还是今天的审美标准来看，都称得上是标准的丑女。然而，她虽然模样难看，志向却很远大，而且知识渊博。当时执政的齐宣王才智不足，以致国家政治腐败、国事昏暗，而他本人又性情暴躁、喜欢吹捧。

　　为了拯救国家，钟离春冒着杀头的危险，当面一条条地陈述齐宣王的劣迹，并指出若国君再不悬崖勒马，齐国就有亡国的危险。宣王听后大为震惊，就把钟离春看成是自己的一面宝镜，可以知道得失。齐宣王认为，唯有贤妻辅佐，自己的事业才会蒸蒸日上，正所谓"妻贤夫才贵"。于是，这个身边美女如云的国王，竟出人意料地把钟离春封为王后。

　　东汉时的孟光也是个外貌"困难"的女人。据说，她长得又黑又胖，模样极丑，父母已做好女儿嫁不出去的准备。可孟光却别有想法。当时，有媒人替孟光与一丑男搭桥，孟光却说："非梁鸿不嫁。"

　　梁鸿是当时有名的大文人，有不少美女想嫁给梁鸿但均遭拒绝，甚至有人因此得了相思病。可想而知，孟光对媒人说出的这番话一时传为笑料，人们讥笑她是"癞蛤蟆想吃天鹅肉"。然而，造化弄人。不久，梁鸿知道了孟光的事，他却没有和别人一样嘲笑孟光。在经过一番了解后，梁鸿很钦佩孟光的人品和学识，相信她不是攀龙附凤之人，就决定娶孟光为妻。后来，梁鸿一时落魄，无奈地到异地当佣工，孟光也毫无怨言地随同前往。两人一生患难与共，白头偕老，"举案齐眉"说得就是他们两个，而这也成为著名的历史典故。

钟离春、孟光两人虽然外表很丑，但她们并没有因此埋怨老天对自己的不公平，而是勤奋好学，专注于内在的修养。结果，两人都自信勇敢地追求自己的梦想，用智慧美、品德美取代了相貌丑，赢得人生。

由此可见，古今中外任何成大事者都是从不抱怨的，因为他们知道，只是抱怨注定于事无补。与其发牢骚，不如自信地面对人生，通过自己的努力去改变命运。相反，历史上和我们生活中所见的那些碌碌无为之人，几乎无一不是牢骚太盛，只要他们发现自己哪一点不如别人，或者偶遇一点挫折，就会牢骚满腹、抱怨一切，结果就是把自己前进的能量消耗殆尽。

"金无足赤，人无完人"。在这个世界上，我们每个人都不是十全十美的，无论是在生理上还是心理上，都会有着或多或少的缺陷和不足。但问题在于，一个人能否正视自己的缺陷和不足？是征服还是屈服，这却是强者和弱者的区别。强者敢于正视自己的不足和缺陷，不会因此而自卑，他们相信自己一定能成功，而弱者恰恰相反。态度决定一切，这种个人的选择将决定幸福是否在你的脚下。因此，只要想获得人生的幸福与快乐，我们就必须要敢于正视自己，既享受强项与优势，也正确看待缺陷和弱点，并对自己充满信心。

俄国作家契诃夫说得好："有大狗，也有小狗。小狗不该因为大狗的存在而心慌意乱。"既然所有的狗都应当叫，那就不妨让它们各自用自己的声音叫好了。小狗不会因为有了大狗的存在，自己就不自信，就开始埋怨上天不公，以至于忘记了天赋的吠叫的能力。切不可看了《红楼梦》，就停止了在文坛上的努力；或看过马拉多纳、梅西踢球，便放弃了绿茵场上的梦想；也不能因为听过帕瓦罗蒂或张学友的歌声，便自认音乐的道路就对自己终止了。其实，如果总担心自己比不上别人，那么这个世界上也许就从来不会出现帕瓦罗蒂、马拉多纳这样的伟大人物了。

莎士比亚说："自信是走向成功之路的第一步，缺乏自信是失败的主要原因。"我国古人曾说："哀莫大于心死，而身死次之。"一个没有自信的人很难成功，就像没有脊梁骨的人很难站得挺直。这不是因为他们没有能力、没有潜力，而是因为没有动力。放弃那些毫无意义的埋怨吧！拥有自信，是一个人成大事的必备素质，也是一生中最宝贵的财富。

如果一个人年轻时就能够懂得永不抱怨的价值，那实在是一个良好而明智的开端。倘若你还没有修炼到此种境界，那么不妨记住下面的话："如果感到自己想说的话是抱怨，那就坚持不要说出口。"

学会感激，
任何时候抱怨都会失败

　　有些人之所以对现实有各种各样的抱怨，并不是现实真的对他们不公平，而是现实没有给他们自己想要的所有东西。这种心态除了让生活变得一团糟，并不能给他们带来想要的生活。如果我们能够拥有感恩生活的心态，拥有感激失败的智慧，那么就能化解抱怨的戾气，让身心获益，并因此可以享受到一份更多的欢乐、更幸福的生活。

　　抱怨的本意是指，人们因心中怀有不满，责怪导致这种不满产生的人或者物。它是每个人心中都存在的一种情绪，本来无关紧要。比如，我要去旅行，但是天下雨了，就随口抱怨两声天气。但是，这种心态对于我们却往往有弊无益，因为抱怨过度就会影响我们的心理状态，导致事情进一步恶化。夫妻间相互抱怨，会影响双方感情，甚至导致离婚；下属对上司抱怨，会影响工作进度，甚至招来辞退之祸；朋友之间互相抱怨，不仅会破坏了曾经点滴累积起来的情谊，还有可能双方因此反目成仇……因此，抱怨往往会给我们造成不必要的损失，而对实际事务的解决没有一丁点的好处。与其招惹许多麻烦，我们不如尽力杜绝它的存在。

　　从前有一位农夫，他常常划着小船，给下游村庄的居民运送自家生产的粮食。有一年，天气很古怪，烈日当头，酷暑难耐。因此，农夫总是汗流浃背，苦不堪言。一天，他用力划着船，希望能快点到达目的地好上岸休息一下。此时此刻，农夫突然发现有一艘又轻又快的木船正朝着自己的小船迎面驶来。他十分烦躁地朝对面大喊："快点让开！你这个蠢货！再不躲开你就要撞上我了！"农夫一番叫嚷，但对面的木船丝毫没有避开的意思，还是朝着他的小船直冲过来。

　　农夫见状只好手忙脚乱地向岸边躲避，但为时已晚，两艘船还是重重地撞在一起。这个农夫十分气愤，认为对方是故意撞来的，他因此大发雷霆，厉声斥责："你到底要干什么！这么宽的河面，你怎么走不行，非要靠着我这边，还撞到了我，你到底会不会开船?"一番责骂后，对方的船上却没有任何人应答。农夫起初非常生气，可是仔细审视对面的木船后，他吃惊地发现，这条船上竟然空无一人。原来，那竟然是一艘顺流而下的空船。

这则寓言故事告诉我们：在很多情况下，当你一味抱怨、指责、怒吼的时候，听众也许只是一艘空船。那个让你感到烦躁和不安的人，事实上绝不会因为你的指责和抱怨而改变他自己的初衷。更多的时候，那个让你恼羞成怒的人，往往就是自己。这样的教训简直数不胜数。因此，我们应该停止无谓的抱怨，避免它变成我们自己的麻烦。

幸福并不是拥有得更多，而是计较得比较少。面对生活中的困难与问题时，幸福的人从来不会问自己"为什么"，而是问"为的是什么"。他们也不会在"生活为什么对我如此不公平"的问题上长时间地纠结，而是会就"我该怎么克服难题，改变生活"这个问题上积极开动脑筋，想办法解决。只有问题解决了，生活才会更美好。诅咒和抱怨，永远是过眼云烟，它抹不去生活的伤痕。

那些总是以消极心理来认识世界，并且惯于心存抱怨而不是主动行动的人是不可能成功的，因为他们把宝贵的时间浪费在积存怨愤上，浪费在责备社会、埋怨家庭上，而不是想办法搬开脚下的绊脚石。只有心怀感激、态度积极的人才能珍惜每一份真挚的感情，理解每一个自己身边的人，进而想方设法避开路上的陷阱，从而走上通往幸福的道路。对后者而言，失败与成功同样值得感谢，因为他们总能从中找到前进的动力，而不是停下脚步。

　　一家知名寺院的师父曾经收到过这样一封来信："尊敬的师父，您好！我是一位经常到贵寺参拜的女大学生。三个月前，与我相处两年的男友突然向我提出分手，原因是他爱上了我的室友。无可奈何之下，我只能同意。分手后，他和我的室友经常出双入对，甚至在我面前大秀恩爱。这给我造成了很大的心理危机。我无法接受其他室友的异样眼光，也没办法承受他们给我带来的这种伤口上撒盐的疼痛，我决定一死了之。师父，希望您能祝福我，让我这个无辜的生命得到好的归宿！"看到这里，师父立刻着手回复了一封信件，并让快递公司加急特快送到女大学生手中。

　　师父的回信是这样写的："你好！首先要告诉你的是，自愿放弃生命的人是无法得到好的归宿的。其次，你应该感谢伤害你的人，而不是就此意志消沉，放弃生命。因为这个男人磨炼了你

的心智；感谢欺骗你的人，因为他增进了你的智慧；也要感谢中
伤你的人，因为他砥砺了你的人格；感谢鞭打你的人，因为他激
发了你的斗志；还应该感谢遗弃你的人，因为他教导你该独立；
感谢绊倒你的人，因为他强健了你的双腿；感谢斥责你的人，因
为他提醒了你的缺点。你要记住，生活很复杂，凡事要感激，应
学会感激，只有感激一切才能使你成长！"这位想要轻生的女孩子
在收到师父的信后大受启发，立即决定停止轻生的想法。然后，
她立即找了一家美发店，第一时间换了新发型，决定用微笑面对
自己的前男友与室友，并正确看待他们给予自己的伤害，让自己
成熟起来。

　　生活不是一帆风顺，而是荆棘遍地，只有披荆斩棘，才能顺
利实现人生的价值。当我们的身心受到伤害，信任遭遇欺骗时，
如果一味抱怨或者耿耿于怀，那只会让自己深陷伤痛之中，最终
无法自拔。如果换一种活法，怀着一颗感恩的心，不管别人用什
么方式来对待你，你都坦然处之，把他们对自己造成的伤害看成
一句告诫、一股力量，看做人生中的又一课，以此来提示自己不
要犯错，激励自己成熟起来、坚强起来，那么你的道路就会和别
人不一样。

　　每一件事都存在着不同的方面，从不同的角度观察，便会有不同的结果。生活中往往是，一件事在向我们展示坏的一面时，也在无形中具有好的一面。当我们面对困难与挫折、失败与痛苦时，即便感到难以忍受，也不妨换个角度想一想，试着用感恩的心态去理解和面对，试着用分析的眼光来体察其背后的崭新可能。要审视那些给我们伤害的人，是他们磨炼了我们的心智、增进了我们的智慧，让我们学会辨别好坏、分清美丑，对世界的复杂性具有了更深刻的认知，从而防止再次受骗。也是这些我们一度信任的人们让我们学会了坚强，懂得了眼泪是笑容的开始，也懂得了去加倍珍惜那些不伤害我们的人。

　　当我们学会用感恩的心和审视的眼光去面对挫折时，我们就能够正确地接受失败与伤害，我们就不会再一味地沉浸在痛苦中，更不会被烦恼包围着而裹足不前。假如每天记下一件值得感激的事，那么我们的这种能力就能进步得更快。

　　感恩节是美国人十分注重的传统节日之一。每年到了这一天，每个家庭的亲朋好友都会欢聚一堂，大家互相交流，并且共同称颂上帝，感恩其在过去的一年里所给予人们的一切仁慈与恩惠。不仅宗教和家庭方面如此，感恩节当天，所有的社会组织和机构也会奉行相似的宗旨。各大超市的门口往往会放置一个大篮子，装满了饮料和食品，这是专门供给那些食不果腹的乞丐与贫穷的人。教堂、学校、政府等机构也会特别准备大量的食物，发放给无家可归的那些可怜人。目前，感恩节几乎风靡全球，受到了世界上大多数人的推崇。也许有的人是无神论者，但大家在这一天都会记住感恩节的真谛，那就是心存感激地帮助他人，为自己的心灵收获满足与幸福。

不光是感恩节才有感恩的事情值得纪念，在我们生活的每一天都有值得感激的事情发生。如果饿的时候有饭吃，渴的时候有水喝，冷的时候有衣穿，生病的时候有人关心和医治时，我们肯定都会觉得特别幸福。每逢此刻，你不妨发自内心地予以感谢。想一想这些东西是谁供给的，又是从何处得到的。只要拥有一颗懂得感恩的心，就能发现平凡生活中的美丽，在平凡而琐碎的日常生活中发现不一样的美，在酸甜苦辣的曲折人生中体会到甜蜜的幸福与快乐。

美国加利福尼亚大学的一项研究显示：如果人们经常记录值得感激的事，就会在未来的一周变得更加乐观，对自己生活也会更加满意，对要做的事情也会充满兴趣。所以，如果我们能够养成每天记录一件值得感激之事的习惯，也就等于是为自己的生活不断增添色彩，为自己的心灵不断寻觅幸福。一个小小的习惯，或许就会决定你的一生。这些值得感激的事情可大可小、可繁可简，只要用心去寻找，你就会发现它远远不止一件，而且并不在别人的花园里，恰恰就在自己的菜篮子里。它们并不是距离你千里之外，而是"想你时，你在眼前"。

我们每天记录的事情，也许第二天就会重复发生，但这无关紧要。要知道，记录感激之事的目的并不是为了记录流水账，而是为了让自己体验被帮助、被关心、被呵护的幸福感受，去感受那种心灵的满足感，而绝不是枯燥无味的家庭作业。养成记录感激之事的好习惯，并不是记日记，而是如同在每日提醒着自己知恩图报，用感恩的心态帮助他人，给所有人带去幸福。

总之，只要你用一点点心思，每天只需花一点点时间，记录下一件令自己感激的事情，哪怕小小的，可以是母亲的一个微笑、父亲的一句叮咛、恋人的一顿早餐、朋友的一次关怀，久而久之，你就会重新理解幸福的定义。这些小小的记录，都会像是上天给予我们的礼物那样宝贵，所谓承恩雨露，值得我们用心去珍惜，用心去体会。

消除误解，
世界上没有解不开的结

中国有句老话，叫做"冤家宜解不宜结"，生活正是如此。纷繁复杂的人生总会牵涉千头万绪，随便哪一方面哪一时刻，也许只是一个巧合，就有可能造成人们之间的误会。事实上，误解大多始于日常生活中鸡毛蒜皮的小事。或许是一句笑话、一个脸色、一篇文章、一封书信、一道传闻、一件用具等，那都可以成为产生误会的根由。

然而，人生在世，精神的愉快胜过一切，而和谐的人际关系无疑是构成愉快心情的重要因素。虽然由于各种原因，人际关系无法总是和谐融洽的。不过，误会则不同，它不是针对无法给你带来快乐的人，而恰恰是让给你带来快乐的人就此和你分道扬镳，并因此形成人际关系中的遗憾。所以说，误会比直接结交品行不良的人更多一层痛苦。它是对美好生活的破坏。这种破坏并非主观的、有意识的、故意的，而往往只是因为互相的偶然隔膜、意识的不可交流性、感情的客观障碍所致。所以，大家都愿意消除误解。

消除误解的难处，首先在于，我们不能自觉地意识到个人的人际关系中误解的存在。所以，只有当我们自觉地意识到了这点，我们才可能产生疏通的动机和目标，误解也才有可能消除。

通常，我们在生活中容易与之产生误会的是这样一些人：交谈交往极少者，互不了解个性者，性格内向者，个性特别者，自视清高者，狂妄傲慢者，神经过敏者，喜欢信口开河者，爱挑剔小节者等。与上述这些人交往需要特别注意，不论是初次见面或比较熟悉的，你都要格外注意自己的言行是否容易产生歧义，说出来是否可能遭到误解，或者你的行为是否会令他觉得对他存有偏见。

每一个人都有自己独立的小天地，这是一种成长背景，由此形成他之所思、他之所言、他之所行的特点，形成他自己的特色。不同的人，小天地的开放性不一样。有的人呈开放张扬的状态，随时准备接纳所有的人；有的人则呈封闭压抑的状态，这是不好交际、不善交际、不易交际的表现。与后者交往的时候，我们首先得启开那扇封闭的门，当我们走进去后才可能发现真正的他。否则，你只能在门外与他交往。如果对方根本没有做好接纳你的准备，你的一言一行就很难得其欢心，这时，各种各样的误会都可能产生。

如果你已经自觉意识到误解的存在，绝不应该像一只鸵鸟似的将脑袋扎在沙堆里，想要瞒天过海。这时候，最有效也最简便和直接的办法当然是：和他谈谈。直接与误解你的人交流，双方只要能够推心置腹，将问题解释清楚，那么自然能够真诚相见。绝对不要把误解带来的烦闷搁在胸中，也不要犹豫顾忌被拒绝。你完全可以设计出令人感到舒服的场合来进行这次对话，可以借一次家宴、一次舞会或一次公关活动，或一次约会，也可以简简单单的一个电话，只要能够互诉衷肠，以心换心，双方就能冰雪消融，重归于好。

假如限于外界条件或者时间原因，你没有这种直接交流的机会，或者自己觉得直接解释的方式会让自己有些难为情，那么，用书信的方式。现代社会通讯工具如此发达，书信、邮件、短信，你都可以详尽地阐明自己的观点，来表达对别人的歉意。也许，你去发一条微博，并且通知对方，亦可以化干戈为玉帛。

如果对方对你误解太深，已经对你形成偏见，甚至因为一次误解把你视同仇敌，那么问题当然就要困难许多。但是，所谓"精诚所至，金石为开"。只要你下定决心来解决这个问题，那就一定能够做到。关键在于，一定要用合理的方式来进行。第一，要采用恰当的方式；第二，要利用合适的时间。你大可通过间接方式来"曲线救国"。先向和对方比较亲近的人、对方信得过的人求助，恳请这些人在你们中间做桥梁和媒介。只要把引发对方怨气和误解的原因说出来，把你的诚意、你的本心都通过这位中间人传达过去，就能够让对方感受到你的诚意。一旦这种传达和疏导的努力到了一定时机，你们就可以直接交流了。

要相信，这世界上没有解不开的疙瘩，也没有打不破的坚冰，更没有过不去的火焰山。误解一旦形成，不论是你遭到了别人的误解或你可能正在误解别人，都应该坚持交流，而不是互相隔阂。

后退一步，
前面肯定一片海阔天空

　　生活中我们常会见到，人们因为一点小小的芥蒂，就一瞬间亲朋变敌仇。某个网络论坛上曾发布了一个帖子，讨论男女吵架后谁应该先妥协。这个帖子的大意是：我们这一代人基本上都是独生子女，从小娇生惯养，难免都有些小脾气、小性格。但是生活毕竟是两个人的事情，不能一个人只顾撒娇任性，不顾及别人的感受。所以，网友的结论是：两人相处时，遇事要多沟通，多了解，根据实际相互迁就。美食需要一点盐味来均衡味道，生活的快乐也需要妥协来找一点平衡。你和心爱的人生气时，一般都是谁先妥协呢？

　　其实，不光是在恋爱中需要妥协，在生活的各个角落都存在着并且需要妥协。妥协看上去不过是大家各退一步，但实在是一门无处不在的学问。

人生很复杂，我们会遇到各种各样的人，也会面临各种各样的纠纷。那么，什么时候应该坚持，什么时候应该妥协？不同的人有不同的解释，不同的人有不同的选择，公说公有理、婆说婆有理，大家似乎永远也无法说出谁是绝对正确的，而谁又是绝对错误的。

总体说来，大家一般认为，年轻人和中年人要多一些坚持性的选择，少一些妥协性的行为。有一篇文章认为：人就应遇挫而更强，不要用什么"退一步海阔天空"来安慰自己，只有不给自己任何精神懈怠的由头，才能继续去追求更快、更高、更强的奥林匹克精神，才能够保持住年轻人应有的弹性和冲劲，去开创自己的一片天空。

然而，人生不如意事常八九。不顺心的事情总是那么多，在残酷的现实面前，人们不得不妥协，不得不低头。河流之所以能够纵横千里，不是因为穿透每一座山川，而是懂得避让每一块石头。如果一味地坚持，我们有时难免被无情的现实撞得头破血流，而且很难被现实社会所接纳。无数的生活经验告诉我们，适时的妥协能够帮助人们跨越或者躲过障碍，从而在绝处逢生。如果说坚持使人成功，那么我们还要记得，妥协则使人和谐。成功的人生，既要坚持进取，也要懂得平衡各方的关系，唯有刚柔并济，海纳百川，才能够一往无前实现自己的目标。究竟应该坚持几分，妥协几分，这一点对于每一个人都不一样，必须结合自己的情况寻求一个平衡点。当生活的压力扑面而来时，我们要懂得留给自己一定的弹性空间，确保事业成功和心灵平静。晚清名臣曾国藩有"打掉牙，和血吞，有苦不说出，徐图自强"的立身处世原则，但是这种原则恐怕只适用于像他一样的坚强的人，而且也只有在类似的人生经历下才能够产生效果。若是换成他人，可能早就被现实所击溃，茫茫然而不知所措。在晚清的历史境遇下，或许还有人因为这样做而丢掉乌纱，甚至丢掉了脑袋。

我们往往有一种观点，认为妥协了就会被人当做软弱看待。是的，在大部分情形下，妥协总是以弱者的形象出现。但是我们必须区分清楚，妥协到底是人生的选择，还是一时的权宜之策。向历史妥协，那往往就是停止不前；向敌人妥协，那就是罪人；向生活妥协，那就是懦夫。当妥协成为一种投降之举的时候，人就会遭到历史的辱骂，遭到强者唾弃，遭到大家的鄙夷，那是不光彩的。

那么，难道妥协的人就注定低贱吗？错了。妥协并不完全是软弱，而更多地属于计策，属于智慧。社会需要妥协，没有妥协就没有安定；家庭需要妥协，没有妥协就没有融合。在不同的利益面前，在不同的观念面前，在不同的角度面前，大家难免会产生分歧。如何平衡这些多维度的问题，正是一个事业成功者必不可少的技能。

美国著名散文家爱默生说："事物都是相互妥协的。就是冰山也是会时而消融，时而重新凝聚。"人生就像植物一样，也有生命的四季：春天萌芽、夏天成熟、秋天收获。而当寒风凛冽，千里冰封，万里雪飘，大江南北都天寒地冻的时候，我们就要学会妥协。叶子要落下来，融化在土地里；生命的根系要深深地藏在地下，默默吸收养分，等待春天到来的时候，再重新孕育生机，沐浴温暖的阳光，尽情展现生命的颜色。

生活需要退让，快乐需要妥协。只要记住，妥协不是无原则的让步，不是面对艰难时的绝望，更不是走投无路时的投降。妥协是我们在爱的基础上做出的退让，是在权衡全局之后为了更好的未来而做出的理性选择。说到底，生活就是一门妥协的艺术，而妥协则是一门智慧的艺术。

第三章

静心观
——花开花谢年年有，换个角度心思宽

　　《圣经》说，太阳底下无新事。我们的生活中，似乎也总是各种鸡毛蒜皮的小事在烦扰我们。这些是不是"花开花谢年年有"的烦心事呢？也许是的。但是，不同的人却会从不同角度看待。有些人会想到，花儿每年都会开，有些人会说花儿总是要谢掉。一个人用什么样的心态来看问题，世界便会以怎样的心态回报他。如果我们想要云淡风轻，那就不如"换个角度心思宽"，不要执念于那些鸡毛蒜皮的小事了。

在危机中寻求成功机会
以变应变，

　　"月有阴晴圆缺，人有悲欢离合"，世界不是一潭死水，永远恒定不动。即使你认为这一潭水表面上波澜不惊，也难保有暗流涌动。孟子说，"观水有术，必观其澜"。我们观察一件事情，不能只看表面现象和明显的动向，而要注意体察细微，感受平静水面慢慢播散的水纹。如果不能掌握变化，也就不能把握机会，既然对细节体会不到，那就更谈不上珍惜机会。

　　作为世界信息产业的老大，在很长时间内，微软对市场的把握能力牢牢占据领先，无人能望其项背。近年来，互联网业风生水起，国际上各种实力雄厚的公司争先抢后准备分一杯羹，可谓百花齐放，百家争鸣，整个市场的竞争也越来越激烈。基于市场份额的变化，有人认为微软在未来网络时代的支配力量将逐渐减弱。但是，从目前的新变化来看，这样的断言还是稍嫌过早。已经发生过的无数事实证明：微软在每个方面的竞争都有很强的潜力，即便一开始落在人后，最后总能转败为胜，并能够以强势掌控局势。在前几年，由于受到垄断指责，在旷日持久的案件审理冲击下，微软不仅屹立不倒，反而处处撒网，遍地开花，取得了更新的成就。这种掌控力，不能不说得益于微软对于变化的有效掌控。

作为微软的创始人之一，比尔·盖茨对这种能力有着深刻的体会。1982 年，盖茨在参观计算机行业大会时被一款软件震惊了。这款产品叫做 VisiOn，由当时世界上最强的微机应用软件公司 VisiCorp 展示，有三个完整的系列。该产品的功能类似于今天普遍使用的 Windows 与 Office 系列产品。

令盖茨感到惊讶的是，这个产品的功能非常齐全，如果上市，会是微软拳头产品 MS-DOS 的最大克星，必将对微软的市场产生巨大的冲击力。如果这样的担心成为事实，成立才 7 年的微软计划通过 MS-DOS 建立行业标准的努力将付之东流。

不过，每一次变化中都会有契机存在，所谓"毒草百步之内，必有解药"。当我们面临问题的时候，必须学会变通，将潜在的危机转换为机遇。盖茨没有就此束手待毙，他要先发制人。他和他的微软迅速发起一场新战役，大力向用户宣传此时还未面世的 Windows 操作系统。就当年的情境来说，微软这样的做法实在有些惊心动魄，不仅仅因为这套软件还未面世，还因为 Windows 此时几乎就是还没开始设计。简单地说，盖茨使出了一手"无中生有"。

虽然风险很大，这就是竞争，这就是市场。盖茨不可能让机会轻易溜走，他必须把握住这一变化，并在这一次变化中掌握绝对的主动权。为此，盖茨力求从心理上和精神上赢得客户。与此同时，微软的目的也很明确，就是要瓦解竞争对手的核心力量，而不只是促进自己产品的销售。依靠先发制人的营销策略和与设备制造商的战略伙伴关系，微软对 VisiCorp 发动了精准的攻击。盖茨的战略生效了。当 VisiOn 在不久之后正式开始销售时，这款产品已经无法逃脱 Windows 的幽灵。事实上，VisiOn 这款产品几乎卖不出去了，因为整个世界都已经做好准备在等待着 Windows 的面世。

盖茨胜利了，这是因为他把握住了变化里的机会。劲敌当前，他不但没有损失，反而攻城略地。

生活中处处充满变化，能不能看透每一个变化的内涵和动

机，就决定了你能不能嗅到机会的味道。机会就在那里，只不过
那可能是别人的机会，也可能是自己的机会。珍惜机会，不在于
机会来了你才做出决定，而在于你能不能提前预判到它的到来。
要想避免在竞争中处于劣势，就不能在变化中束手无策。

　　有个人家里有一片鱼塘，他每年都要靠这片鱼塘赚钱养家。
可是问题出现了，鱼塘附近最近出现好多鱼鹰，常常来抓鱼吃。
这人想要赶却发现鱼鹰不好赶，想要抓又抓不住，为此很是发
愁。

　　一天，鱼鹰又来吃鱼。养鱼人看见了，立即跑过去冲它们挥
挥手，鱼鹰因为受惊一时散开，但很快又试图回到鱼塘。就在此
时，养鱼人忽然灵机一动，想出个办法。他扎了一个稻草人，插
在鱼塘里吓唬鱼鹰。起初，鱼鹰以为是真人，一点都不敢接近。
可是渐渐地，它们见鱼塘里的人总是一动不动，就发现这是个假
人，又飞下来啄鱼吃。鱼鹰吃了鱼，就站在草人的斗笠上，边晒
太阳边休息。

　　养鱼人很生气。经过苦苦思索，他又想出来一个计策。趁着
鱼鹰不在的时候，养鱼人悄悄披上蓑衣，戴上斗笠，手里拿根竹
竿，像草人一样伸开双臂站在鱼塘里。当鱼鹰又来的时候，它们

以为鱼塘里还是原先的假人，就又大胆吃鱼。吃饱后，它们照例站上"草人"的肩膀休息。养鱼人趁着鱼鹰不注意，一伸手就抓住了一只。

　　这个故事告诉我们，做事要看变化，不能一成不变。鱼鹰没能发现变化了的环境，只能掉进养鱼人的陷阱。想想自己，你是鱼鹰的时候多呢，还是养鱼人的时候多呢？

　　信息时代给我们带来的最大便利就是，让我们能够随时随地了解着变化。世间万事有如风云变幻，这一秒天空明朗如镜、云淡风轻，下一秒可能就会风起云涌、阴霾满天。任何一个微笑变化，都可能改变一个人的一生。至于能否把握，那就全靠自己的见识了。如果不能把握关键机遇，我们很可能就此陷入被动的状态。因此，珍惜机会，关键就在于把握住每一个变化，并参透个中玄机。

　　或许我们可以说，不在变化里发展，就要在变化里灭亡。一个小小的变化，可以是发展的机会，也可以是失败的征兆。我们不应眼睁睁地看着机会到来，并且成为对手的利器，而要懂得珍惜，让一切机会都为自己服务。

静观其变，
临危不乱才能化险为夷

　　虽然变化的事物看起来千变万幻难以揣测，但在面临变化之前，最厉害的一招恐怕是"静观其变"，以不变应万变。金庸小说《笑傲江湖》中，男主角令狐冲从本门派老前辈处学的"无招胜有招"的武学哲学，一举进入武林高手的行列，关键就在于能够以不变应万变，但又别有新意。所以，临危不乱的好处也是关键在于能知晓对方心思，沉着应付，只要处置得宜，就能渡过险关得见祥云。

　　临危不乱，最简单的原则是，在大局变幻莫测之际，确认并坚守自己的原则。把握大方向是根本，稳定心理是宗旨，然后以静制动，灵活应变。三国时蜀国姜维在与魏国邓艾斗阵时大破对方，用的即是这种方法。

当时，司马昭之心路人皆知，曹家天下不稳，姜维趁此机遇再度北伐。蜀兵出了祁山，在谷口扎下左中右三座营寨。此时，姜维军情有变，没有料到邓艾早已获知蜀军扎寨之处的地理情况，事先挖好地道，直通蜀军左营。

见姜维中计，邓艾十分高兴，当即命令部将邓忠、师纂各自引兵一万，左右同时攻击。此外，他又命令副将郑伦带500军士进入地道，从蜀军左营地下拥出，准备和邓忠、师纂来个里应外合。

蜀军左寨将领王舍、蒋斌当夜本有提防，但是忽听军中大乱，虽然各操了兵器立即上马应战，无奈邓忠等已杀到。王、蒋二人抵抗不住，只好弃寨而走。姜维看得明白，料定是内应外合，便跳上战马立于中军帐前，当下传令说："蜀国兵马一律安守营寨，敢有妄动者斩！若有敌兵到营前，休要问他，只管放箭！"与此同时，姜维又传令右营也不要妄动。经过一番安置，魏兵与蜀兵果然分开，对手的十余次攻击也都被迅速射退。一直到天亮，魏军都只敢乱喊而无法进入蜀国兵营。见对方如此战术，邓艾只好兵收回寨，暗自叹服说："姜维深得孔明之法，兵在夜而不惊，将闻变而不乱，真将才也!"

第二天，姜维趁着敌人军心不稳，立即出营与邓艾斗阵。邓艾不是对手，差点儿全军覆没。

人生多纠葛，亦如用兵多玄机，如果自己慌乱，即便对手准备不足也必导致失败；而如果能够以静制动，即便一时动乱也会自然风平浪静。这就叫做镇定自若，专注而又不顾此失彼。

正因为可以以逸待劳，许多人都认为天下最厉害的一招是"不变之变"。大家知道，这"以不变应万变"，是一种兵法，也是一种做人处世之道。这样做的好处是，只要静观其变，我们就更容易地探知对方心思，可以更加精心准备与其交往所必需的防备，可以临事不乱，处置得宜。凡是成大事者，几乎无不有以不变应万变的功夫。

唐朝末年，天下大乱，黄巢率领的起义军声势浩大，纵横大半个中国，所到之处无不攻城略地。不久，黄巢军便入据长安，唐朝君王只能暂时撤到都城之外避祸，李氏政权岌岌可危。此时，李克用奉命带兵讨伐叛逆，援救诸侯。正当李克用整装待发之时，唐将朱全忠与杨彦洪又共同谋变，倒戈攻击李克用。对于这一内乱，李克用可谓措手不及，没来得及与其硬战，便仓皇逃去。朱全忠为人阴险狡诈，眼看李克用逃去，谋杀不成，便灵机一动，将一起叛变的杨彦洪射杀，对外声称是杨氏叛变。朱全忠企图借此掩人耳目，隐藏自己叛变的真面目。但李克用并没有改变自己看法，他边逃边骂，发誓要亲手杀了此人。

李克用部下有人逃回府邸，将兵变消息禀报了李克用妻子刘氏夫人。刘氏虽是妇人，却是一位有智有谋的巾帼英雄，并非等闲之辈。她听到消息心里很是震惊，但表面上却很镇静，神色不动，仿佛若无其事，还立即下令将那报告朱全忠叛变的人推出去斩杀。她认为，如果让更多的人知道此事，府内肯定乱作一团，说不定还会有人举兵响应叛变。那样，局面就没法收拾了。所以，府上绝对不能惊慌，不能失去信心和自制，同时还要封锁消息，万万要保持府中原有的平静。报信的人是信息源，很容易散步不稳定消息，所以刘氏认为应该将他们斩杀。

不久，李克用怒发冲冠地回家了。见到丈夫如此，刘夫人仍保持镇静。听着李克用发誓再集中兵力，全力讨伐朱全忠，以解心头之恨，刘夫人此时站出来提出异议。她说："你此次带兵伐叛是为国讨贼，并不是为了个人的怨仇。现在，汴州人朱全忠突然叛变要谋害你，当然令人气愤，我也十分生气。所有人都觉得他该伐该杀，可是，如果你真的现在带兵去攻伐他，你保卫大唐的任务就完成不了，而且也改变了出兵的性质，变国家大事为个人怨仇小事。这岂不是得不偿失？我认为，朱全忠叛变的事，你应该上诉朝廷。由朝廷决议之后，以朝廷之名兴兵讨伐他。那岂不是更好？"

李克用听了夫人这番话茅塞顿开，一时间怒火顿消，并听从了夫人的意见，不再将注意力放在攻打朱全忠上了。不过，他还是给朱全忠写了封信，责备他试图谋反，大逆不道。朱全忠回信自然把自己的责任推得一干二净。

后来，李克用集中注意力维护唐廷，在朝廷重用下，率军打败了黄巢军。之后唐朝灭亡，李克用便长期割据河东，与占据汴州（今河南开封市）的朱全忠（后梁的创立者）连年对峙。他死后，其子李存勖建立后唐，追尊他为太祖。可以说，李克用的成功，全得力于他夫人刘氏的这一判断。

前车之鉴，后事之师。今天我们读史书，可以观察到，刘氏夫人对这件事的处理是很有分寸的，不但有理有节，以大局为重，而且果断应变，沉着不慌。倘若李克用没有听从刘氏夫人的话，或者刘氏夫人不够贤惠，怂恿李克用发兵讨伐朱全忠，其结果如何，乃至于谁是谁非也就很难说了。

所谓善处者，即那些能够临危不乱，遇非常之事反倒愈加善于冷静处理，权衡利弊不感情用事的人，他们往往能够在大乱面前镇定自若免致被动。在日常生活中，我们也会面对各种令人感到棘手的大事小情，在处理这些事情时，以不变之变去面对它，不失为一种机智。特别在某些万般复杂情势不明的情况下，须用此计静观其变，以求应对。但是要记住，静观其变并非什么都不做，而是要扎紧篱笆，看好门户，自己不出内乱，方能拒敌于千里之外。

坦然面对，
风雨之后总能看见彩虹

　　哲学家威廉·詹姆斯说过："要乐于承认事实。能够接受已发生的事实，就等于迈出了克服任何不幸的第一步。"如果你在自己的生活中，能够坦然地面对并接受现实，那么离走出困境也就不远了。

　　在人生的道路上，必然既有阳光也有风雨。可能有人是含着金汤匙出生的，但没有任何一个人一生都走在无风无雨的道路上。一个人要想赢得人生，只有坦然接受、面对人生中的失败与挫折，并学会克服。当我们不再诅咒那些不能改变的事实之后，我们就能节省精力，去开拓更广阔的空间，去创造出一个更为丰富的人生。

　　对于同样一件事情，聪明人和普通人的态度往往是完全不同的。聪明人的所谓聪明之处在于他们面对生活的态度和热情，而这也正是他们获得大家认可的关键因素。当所有人都认可你的时候，你的事业自然风调雨顺。没有人会将关键机会交给连自己都不信任的人。人的生命意义因为每个人的观念而不同，而生命只会拥有我们赋予它的那种意义，与此同时，每个人都是自己命运的设计师。

德国伟大的文学家歌德说过："人生的价值及其快乐，在于一个人有能力看重自己的生存。"生命的意义在于，人类通过自己的力量可以使自己和他人的生命变得自由和幸福。如果这种努力做得越多，成功的机会就越大。法国哲学家萨特也说，人类存在的意义，就在于证明自己的价值。而要证明自己的价值，就必须学会正确对待世界，我们需要坦然面对一些事情，然后努力去改变。

英国科学家霍金可谓世界上最知名的天体物理学家了，而他也是最能体现"风雨后见彩虹"的人生表率。霍金的生平非常富有传奇色彩，在科学成就上，他是有史以来最杰出的科学家之一，甚至被学界和媒体誉为继爱因斯坦之后最杰出的理论物理学家。他是英国皇家学会会员，还拥有好几个荣誉学位。虽然成就如此辉煌，但与其巨人般的学术成就相比，其身体却非常不好。因患卢伽雷氏症，他被禁锢在一张轮椅上达二十年之久，手不能写，口不能言。虽然如此，霍金仍然想方设法延续自己的学术生命，最终超越了相对论、量子力学、大爆炸等理论而迈入创造宇宙的"几何之舞"。尽管他的身体那么无助地坐在轮椅上，他的头脑却出色地遨游到广袤的时空，为我们解开了更多宇宙之谜。

1991 年 3 月，霍金坐着轮椅回自己的公寓，在过马路时不慎被一辆汽车撞倒，造成左臂骨折，头也被划破而缝了 13 针。但仅仅 48 个小时后，他又回到办公室投入了工作。1985 年，霍金在医生的建议下动了一次穿气管手术，从此完全失去了说话的能力。然而，就是在这样的情况下，他还是靠着顽强的毅力写出了著名的《时间简史》。

不论从哪一方面来说，霍金都是令人不得不佩服的表率。他坦然面对人生的苦难，克服了残废之患，并且一举成为国际物理界的超新星，这种艰辛而卓越的历程令人不由肃然起敬。伟大的俄国作家陀思妥耶夫斯基有一句话十分令人震撼，用来描述霍金或许非常合适："我只担心一件事，我怕我配不上自己所受的苦难。"霍金配得上他所受的任何苦难，因为每一次苦难的袭来都让他为人类做出更大的贡献。

面对苦难，我们既不能视而不见，也不能退避三舍。如果事情已经发生，我们别无选择，那么就只能而且应该坦然面对。茫茫人生路，永远不会像你暗自想象的那样一帆风顺。很多时候，你需要经过大浪的洗礼，才能到达海的彼岸；也许，你还需要经受夏日般炙热的照射，才能迎来丰收的秋季；甚至，你不得不经受冬季刺骨冰冷寒风的冲刷，才能迎来春暖花开；最槽糕的的情况下，你也许要经受大漠荒凉干涸的折磨，最终才会迎来绵绵细雨的润泽。然而不管怎样，唯有放弃抱怨，泰然处之，沉着应对，你才能得到意外的收获。如果一开始便手忙脚乱，那么你可能永远也见不到幸福的愿景。

我们就是要学会这样坦然地面对生活，面对一切。在不顺心的日子里，我们总感觉活得真烦，试图寻找千百种理由对之谩骂，然而岁月浮沉，当你今天蓦然回首曾经走过的那些岁月，真会"那人却在灯火阑珊处"，别有一种心怀浮上来。泰戈尔说过，天空虽然没有我的痕迹，但我已飞过。这无疑是诗人对坦然的最好诠释，也是我们生活的真谛。当我们真正学会"坦然"面对时，我们的心才会变得坚强，我们的生命也才会因此变得更加坚忍。

坦然，不仅仅是得意时的轻松和快意，而更是一种失意后的乐观；坦然，是沮丧袭来时我们为了更进一步而做出的自我调整；坦然，其实就是平淡中生发出来的一份自信。坦然面对生活，就是一种积极的人生态度。

适者生存，让自己顺应环境才明智

音乐之王舒伯特说过："只有能安详忍受命运之否泰的人，才能享受到真正的快乐。"人生往往会很无奈，你要面对自己不想面对的环境，你要遭遇自己不想见到的人，你要处理自己不曾想到的麻烦。当我们处于不可改变的不如意的环境时，谁能够从容地由不如意中发掘新的道路，谁就做出了最明智的选择，也就能最早推开快乐的大门。

很久以前，有一个印度国王，他统治着的这个国家十分富裕。有一天，他到很远的地方去做了旅行。在他的一生中，从来没有走过这么远的路，而且这条道路的路面异常坎坷不平，都是他前所未见的事情。回到皇宫后，这位国王不停地向侍臣们抱怨脚疼。痛定思痛后，愤怒的国王向天下发布了一条诏令，要求老百姓用牛皮铺好他要走的每一条路。很显然，这是一项巨大的工程，不仅需要耗费巨额的金钱，还要耗费巨大的民力，此外牛皮供不应求，也是个问题。这时，一位耿直的大臣冒着杀头的危险进谏国王，对他说道："陛下，为什么您一定要花那么多不必要的金钱呢？依我看来，陛下不如剪两块小牛皮包在自己的脚上。"听了这位大臣的话，国王恍然大悟，认识到自己的错误，所以立刻接受了这个建议。国王命人为自己做了一双漂亮又实用的厚底牛皮鞋，由此如愿以偿，再也没有脚疼过。据说，这就是皮鞋的来历。

国王的经历说明，改变外部大环境何其难，与之相比，改变自己的处世方略和行动手段就显得太容易了。如果改变自己的策略就能达到预期的效果，谁还去费力不讨好地改变艰难险阻的环境呢？

这个道理看起来简单，可做起来却未必不容易。自从工业革命以来，几百年的时间里，我们人类都是高唱着"人定胜天"的旋律，大刀阔斧地对自然进行改造，结果资源被无限制开掘，环境污染越来越严重，我们的生活虽然似乎越来越便捷，但是麻烦却也与日俱增，幸福和悲伤泥沙俱下。直到最近一个世界，我们才幡然悔悟：强调改变自然，不如改变自己，让人类和自然和谐共处。

做人也是如此，如果你企图改变外部环境，那么不如考虑先从改变自身做起。

有一个心理咨询师经过调研发现，前去找他咨询的人，大多数总是习惯于抱怨身边的人——上司、下属、客户、老公或老婆、朋友、亲属。这些客户无一例外地认为，都是这些环境因素搞得自己失败或者不开心，他们相信，如果换一个环境，自己就能取得格外的成绩和特别的成就。

在这些客户中，有一个人告诉心理师，自己有清晰的目标，也很愿意做事情，但很多时候总会遇到不确定的因素，比如市场价格的变化等。心理师听后当即给了他一个解决办法："你的意思是，如果你要完成目标的话，就一定要市场不变化，客户不出现问题。这说明什么呢？你对外部条件要求很高。务必要有很多美好的环境因素满足，你才可以成功。反过来说，你会不会觉得，你达到目标的能力就很低呢？如果环境总是那么好，什么样的人不能够做完这个工作呢？"那个人听后低头不语，最后终于明白，真正的问题在于自己。

环境是自然天成的，也是人为操纵的，但我们面对的环境却并不由我们决定，那些变化是不可测的。这并不等于我们要束手待毙，务必记住人是活的，是可以随机应变的。俗话说，"树挪死，人挪活"。这就是说，人在面对环境时，有自由选择的权力，有主观改变和适应的本领。换了新的环境，我们不能等着环境来适应自己，必须首先调整自己，主动适应新的环境，这样才能由被动变为主动。比如说有了新领导上任，我们不能老是等着他来适应自己。你不能老在下面嘀咕：以前的某某领导不是这样的而是那样的，这个新领导怎么这样子呢？这丝毫没有用，除了说明我们自己很呆板，不知变通外，什么问题也解决不了。我们有两种办法来面对。第一种，我们应该更主动地去适应新领导的工作作风，改变自己，适应新的工作要求。也许有人会觉得不齿，这么做是奴颜媚骨没有骨气、没有原则。其实不然，适当的时候我们还是要学会变通，才能更好地工作和适应社会。《易经》里这样说："穷则变，变则通，通则久"，适时地变通已经被证明是亘古不变的真理。当然，关键还在于领导的新策略要确实正确，不然大家就全盘皆输。第二种，我们应该和环境主动沟通，去与领导寻求交流的机会。只有领导知道我们在想什么，他才可能适当调整自己的决策。如果我们不发出声音，领导没有得到任何反馈，自然会认为自己的决策没有问题，因为大家都在切实执行。所以说，环境天注定，成功靠打拼。

在某座森林里有三只蜥蜴，它们是很好的朋友。有一天，大家兴致来了，讨论起生存与发展问题。一只蜥蜴看到自己身体的颜色与周围的环境大不相同，不便于隐蔽，总觉得不太安全，便对另两只蜥蜴说："我们住在这里实在是太危险了，还是要想个办法改变一下环境才行。"另一只蜥蜴说："改变环境的办法虽然听起来不错，可是做起来太麻烦，而且会耗时很久，恐怕不可行，依我看很难取得实效，不如我们迁居到适合生存的地方去。"第三只蜥蜴问："为什么一定要环境适应我们呢？我们就不能适应环境吗？"它们这样争论着，说了一天一夜，可最终公说公有理，婆说婆有理，大家各执己见，谁也说服不了谁。于是，三只蜥蜴决定各自按照自己的想法去实验。结果：第一只蜥蜴开始大兴土木，改造起森林来，可想而知，它虽然努力但收效甚微；第二只蜥蜴开始到别的地方寻找新的适合生存的领地，但劳烦日久终归无功而返；只有第三只蜥蜴借助阳光和阴影学会了改变自己的肤色，练出了变色这一高超的隐蔽本领，它很快适应了森林的环境。

蜥蜴的故事不过是一个寓言，告诉大家什么样的方式能够更快地帮助我们闯过门槛，开始走向事业的正途。英国一位主教生前命途多舛，但最终大彻大悟。在其长眠于地下之后，他让人在自己的墓碑上刻下了如下的墓志铭：

我年少时，意气风发，踌躇满志，当时曾梦想改变世界：但当我年长些，阅历增多，发现自己无力改变世界。于是我缩小了范围，决定先改变我的国家，可这个目标还是太大了；接着我步入了中年，无奈之余，我将试图改变的对象锁定在最亲密的家人身上，但天不遂人愿，他们个个还是维持原样。当我垂垂老矣之时，终于顿悟了一个道理：我应该首先改变自己，以身作则地影响家人。若我能先当家人的榜样，也许下一步就能改变我的国家。再以后，我甚至可能改变整个世界。

生活的确就是这样：如果先改变自己，身边的人或许就会受到影响，由此也会改变；对方有了改变，心境也会改变；心境有了改变，言语也会改变；言语有了改变，态度也会改变；态度有了改变，习惯也会改变；习惯有了改变，做事方法也会改变；做事方法有了改变，事业也会改变。稍微改变一下自己，也许眼下不过避免了一个鸡毛蒜皮的小矛盾，但关键时候也许就会避免一场战争。就我们普通人而言，也许你的一个微小改变将是你的下一个机遇，甚至是一个新的人生阶段。

生活中，人们总是习惯性地期待可以改变身边的事物，总是不停地埋怨一切，幻想环境可以突然发生改变，但却往往忘了改变自己去适应身边的一切。因此，不知有多少人，在日日夜夜等待别人的改变中架空了自己，直到一朝老去蓦然回首时才惊觉：生命原来就是在不经意中错过了那么那么多难得的机遇和美好的事物。不是每个人都有机会，像周星驰电影中的至尊宝那样有一个可以让时光倒流的月光宝盒。岁月流逝之后，我们会发现，架空自己换来的便是长长的叹息，这时候也只好怨恨生不逢时，怨恨怀才不遇，了此残生了。其实，与其在期望中空度岁月，不如来次变革——改变自己，从现在开始。

与我们想象的不同，很多时候，造成人与人之间差别的不是学历、能力和背景，而是每个人自己的观念。俗话说：亿万财富买不到一个好的观念；一个好的观念却能挣到亿万财富。现在也常常见到有人发出声明，愿意出 100 万元买一个好点子。从古至今大家都愿意说，"靠山吃山，靠水吃水"，但须知靠山山会倒，靠水水会流，只有自己才能靠得住。然而，自己要想永远靠得住，必须以不变应万变，也要学会改变自己去应付不变和变化的一切。生活在新世纪的我们，如果我们不懂得观察、不懂得变化，也许我们今天不变，明天可能就会被社会所淘汰。为了适应社会，为了自己的明天，为了我们的生存和发展，也需要适时地改变自己。

"人生不怕重来，就怕没有未来！"——改变从不会太晚！Late is better than never。只要心中有梦，就有舞台在。唯一需要记住的就是，改变并不是日进千尺的事，也不是一泻千里，而是要从生活中的点点滴滴做起，从身边做起。最紧要的一件事是，我们要学会挖掘自己的长处，让自己再多一份坚定的信心。你不如从今天开始，时常对自己说：嗨，你真棒！加油！

当然，真正要改变自己，不再抱怨，对昨日的自己说"再见"，并不是一件那么容易的事。毕竟，一些旧东西和习惯紧紧跟随了自己那么多年，要想瞬间完全换新貌是不可能的事。所以，在改变的过程中，我们难免还会受到一些挫折以及遭遇一些人的误会和不理解。更要命的是，改变自己习惯性的行为和做法，往往会产生内心的痛苦和焦虑，但这是于事无补的。我们应当把挫折当成必要的学习，从而以正确的心情来鼓励和调整自我，自信乐观地去迎接新的挑战。

"记住该记住的，忘记该忘记的，改变能改变的，接受不能改变的"，当我们不再将眼睛只盯着周围的环境，而是在观察外部环境的同时，要能够时时返回自己的内心世界，去将里面尘埃打扫干净。只有窗明几净的时候，我们才会发现自己轻松了，环境也变得更加轻松、明亮和温馨。明天的路还很长，不要继续在空盼中让岁月流逝。从现在起，果断地收起往昔平淡的画面，忘记那些残篇断简，让自己的思维和脚步开始启程吧。

改变别人事倍功半，改变自己事半功倍。祛除自己心中的抱怨，学会自我调控、自我劝慰。让自己冷静下来，时时刻刻想办法把问题想透彻，并积极主动地进行调整，才能从根本上祛除抱怨心理，重建个人的信心和价值。一味地去改变环境，不如痛下决心改变自己。当我们开始改变自己时，可能会觉得世界如此艰难；但是当你改变之后，你就会发现一切原是如此美好，也许比你想象中的还要眷顾你一些。

第四章

不强求

——命里有时终需有，命里无时莫强求

　　幸福不是一道选择题，但是我们有选择的机会和权利。当你发现生活中种种不如意的时候，不应该给自己找借口去谩骂环境的不公和社会的不平。那固然可以发泄，但却于事无补。与其为了"命里无"的东西伤心劳神，倒不如调整好人生方向，"不以物喜，不以己悲"，将目标放在未来，将精力放在现在。

识时务者才能如鱼得水——因时而动，

汉武帝时的名臣恒宽说过："君子因时而动，知者随事而制"。正所谓此一时，彼一时，以前有效的法则不见得此时依旧有效，过去预计好的事情，现在不一定能很好地按照计划执行。因此，抓住机会很重要，但还要求我们能够做到随时随地地变通，不能做"一招鲜"的美梦。

孙子兵法云："水因地而制流，兵因敌而制胜。故兵无常势，水无常能。因敌变化而取胜者谓之神。"这段话的意思是说，水没有一定的形状，打仗也无法保持不变的态势。唯有顺应对手的变化，随机应变，采取灵活战术才能获胜，而这样的将领才是最优秀的用兵者。

机会就像是一个狡黠的孩子，它很会玩捉迷藏。起初，它藏得很隐蔽；当我们找到它之后，它也会千变万化，让我们捉摸不透。如果我们拘泥于形式，那么就难以掌握它的行踪，甚至会与它擦肩而过。因此，我们要随时随事地作出相应的变化，这就需要我们能够像水一样，即便隐藏着巨大的力量，也要视容器的不同而改变形状，聚合自如，如此方能发挥出最大力量。

有一条河流，它面前有一座高山，河流从诞生之日起就下定决心一定要想办法越过高山，流进大海。它费劲千辛万苦从遥远的高山上流下来，经过了无数的村庄与森林，任何屏障都阻碍不了它前进的脚步。

某一天，它来到了一个沙漠。这条小河流仰仗着自己的信心，完全没把大沙漠当回事。可是，它没有想到的是，当它进入沙漠的时候，炙热的沙粒渐渐吞噬了它的水滴。失败了一次又一次，最后，它灰心了，沮丧地说：“也许这就是我的命运，看来我不可能见到传说中那个浩瀚的大海了。”

突然，它的耳边传来了一阵低沉的声音：“既然微风可以跨越沙漠，那么河流一定也可以。”这条小河循着声音仔细寻找，发现原来是沙漠在和它说话。

"微风可以飞，我可不会。"小河流很泄气地回答。

"那是因为你固守自己原来的样子，不知变通，所以你永远无法跨越这个沙漠。如果你愿意放弃现在的样子，让自己蒸发到空中，微风就会带你过去。"沙漠语重心长地说。

"放弃我现在的样子，然后消失在微风中？不！不可能！"小河流坚决反对。让自己蒸发到空中，那不等于是自我毁灭了吗？它愤怒地对沙漠说："我怎么知道这是真的？或许那不过是你企图害我的伎俩！"

"微风可以把水汽保护在它的怀里，然后飘过沙漠。等到了适当的地点，它就把这些水气变成雨水释放出来。这些雨水落到地面上又会形成河流，继续向前进。"对于小河流的无礼言行，沙漠非但没有生气，还很有耐心地向它解释。

小河流不放心，继续追问道："那我还是原来的河流吗？"

"是或者不是并不重要。不管你是一条河流或是看不见的水蒸气，只要你没有放弃自己，坚持自己是一条河流，你就不会改变你内在的本质。"

小河流认真地听完沙漠的话，隐隐约约地想起自己在变成河流之前似乎也是由微风带着自己，一直飞到内陆某座高山的半山腰，然后变成雨水落到地面，日积月累，才变成今日的样子。

小河流听到这里明白了。它鼓起勇气，投入微风张开的怀抱中，奔向新的旅程。

小河流消失了吗？没有。即使面对沙漠这样巨大的障碍，它依然把握住了前进的机会，转机就在于它学会了变通。

随事而制，就是要求我们有良好的心理素质和反应灵敏的头脑，在必要时候对外界发生的预料之外的事情做出正确的反应。唯有这样，机会才会在我们的控制之下，而不是将我们反控。

《三国演义》中曹操刺杀董卓一节中情势非常危险，而曹操之所以能够全身而退，靠的就是随机应变。这段故事可以说是随事而制的典型实例。

在众人的推举之下，曹操带刀前去相府刺杀奸贼董卓。然而，天不助他。就在他举起刀的一刹那，吕布恰好走进来，直接导致他的刺杀行动立刻化为泡影，而且连他自己也处于危险之中。不过，曹操并没有因此慌乱，而是镇定自若地将行刺改成献刀，把手中的宝刀送给董卓，自己全身而退。

曹操丧失了机会了吗？如果只看当时，他当然是丧失了一次机会。但是他没有永久丧失机会。虽未实现既定的计划，但曹操却保住了自己的性命，留下了将来的机会。倘若曹操此时孤注一掷，舍死一拼，唯一的结果就是被三国第一猛士吕布刺死。这只能算是匹夫之勇，假如他这样做，就等于把更多的机会一并扼杀，这当然不能算是珍惜机会。

人常说"留得青山在，不怕没柴烧"，很多成功人物在总结自己的经验时都会提到，目标高远，而人们也往往夸赞他们不拘小节，具有宏图大志。因此，当眼前的机会转瞬变成陷阱时，我们必须学会改变自己，要能够适应变化，为更多更好的机会做准备。

在中国历史上，能够忍一时的失败，为将来的机会积蓄力量的英雄大有人在。越王勾践起初战败能够纡尊降贵去做奴仆，最后却卧薪尝胆灭掉吴国；韩信早年在闹市能够受胯下之辱，最终成为一代名将；司马迁受宫刑能够忍辱负重，隐忍一时换来的却是中国最伟大的历史著作《史记》。他们一时一刻的屈辱和忍让，都是一种变通，之所以选择"因时而动，随事而制"，从根源上看，是因为他们看到了日后的机会。因此，他们方能够掌握自己的命运，取得成功。

每一个机会都来之不易，我们不但要珍惜现在的机会，更要抓住未来的机会。不管我们现在做什么，都要以不破坏未来的机会为前提。如果危害到未来的发展，现在的事情对我们也没有益处。这就要求我们，必须随时随处以变化的心态看待社会和人事的变化，作好处乱不惊、随机应变的心理准备，如此才能游刃有余。凡事都要具有这种灵活多变的伸缩性。

计划永远赶不上变化。但事物的变化总能找到客观的规律，我们不能期望事情总是朝着有利于我们的方向发展，但我们可以顺应事物的变化趋势，做出最有利的选择。也只有这样，我们才能对于机会有更多和更准确的把握，并针对性地做出高效的选择和判断。

机会是一个变化莫测、捉摸不定的家伙。如果一个人没有变通的能力，在机会的闪转腾挪面前，他就会丧失自己，并受制于机会。唯有如水一样，聚合自如，才永远不会错过机会。

紧紧握住或许就会失去，懂得放开

　　如果回顾一下我们的所作所为，是否有一个时刻，你觉得心中有无数理由放不下内心的某种期盼和执着？但实际上，这种所谓的"执着"并不一定有好的结果。我们唯一要做的，或许只是将我们的双手放开，放下那无谓的东西，心灵就能逍遥自在了。

　　做一件事情往往有很多理由。相反，如果让你放下一件事情，我们往往就找不到合适的理由。然而，放下该放下的事情却是一种大智慧，只有放下使人烦恼的事情，才能得到更多欢乐和幸福。

　　一个 4 岁的小男孩一不小心将手卡在花瓶里，怎么也拉不出来，疼得大哭不止。由于花瓶是腰细口大的型号，而小男孩的手紧握着正好卡在花瓶的细腰处。妈妈尝试了各种各样的办法也没法把小男孩的手拉出来，最后只好无奈地拿来锤子小心翼翼地将花瓶砸破。

花瓶碎了，小男孩的手终于自由了。这个时候妈妈发现小男孩仍然紧紧地攥着小拳头。她使劲掰开一看，发现小男孩小手里还紧紧攥着一枚一块钱的硬币。妈妈不解地问他："你刚刚为什么不松开手呢，这样不是很容易就能把手拿出来了？""妈妈，花瓶太深了，我怕一松手钱就掉下去拿不出来了啊！"妈妈听了这样的童稚之言后感到哭笑不得，就为了这枚一元的硬币，她砸烂了一个价值3万元钱的花瓶。

我们可能会觉得故事中小男孩幼稚可笑，可作为成年人的我们又何尝不是如此？只不过，我们抓在手中舍不得放的不是一元钱的硬币，而是另外一些理由罢了。

如果能够放开心胸，不要斤斤计较于无谓的理由，就能够有效地释放自己的心理负担，让自己的内心真正变得强大起来。只有放下了，我们内心才会变得轻松自如，也才能修正内心的脆弱和自卑。

在做一件事情时，我们常常会自问：为什么我要这样做？这样做对我有利吗？……长此以往，就会使自己的神经处于高度紧张状态，心理也跟着变得紧张，就像弦上待发的箭。但古人说过，要松弛有度，不然这紧绷的弓弦就容易断掉。

试问，处于这种状态的人，他怎么能够轻松起来，又怎么能够有好心情？

我们都梦想着明天的生活充满快乐和幸福。但是，如果你抱着锱铢必较的心态去算计和琢磨，即便朝阳从云端浮现出来，你又怎么能轻松地迎接它呢？这正如你要去旅行，但心中却想着一大堆无谓的理由，一定不会感到轻松自如。其实，最好的办法就是，什么都不要想，打起背包，朝着风景的方向出发便是。

试问，怀着这样的心情上路，你难道不会怀着愉悦的心情去欣赏路旁的风景，聆听林中的鸟语，赞美天空的高洁吗？

我们总是给自己太多的理由。其实，不是理由先天存在，而是我们给自己找出各种借口。考试没考好，是因为看错了数字，是因为没认真检查；工作中出现差错，是由于自己没和同事进行沟通，是因为客户太刁钻……在遇到问题和麻烦的时候，我们往往习惯找无数的理由来搪塞。

然而，一旦带着这些理由去学习和工作，你就习惯了逃避错误,无法正视自己，总会把一切因素都归结到客观情况上。这就丧失了提升自己的机会。

失败乃成功之母。失败了，没什么大不了。不要试图给自己找借口、理由，那不过是逃避现实,畏惧失败的表现。人生路上难免遇到挫折和失败，只有正视挫折，坦然接受,学会分析造成挫折的原因，从中吸取教训,才能树立自信，方能远离挫折。

只有放下、抛弃这些无谓的理由，不再心存侥幸，我们才能全心全力、无拘无束地奋斗，并驶向成功的彼岸。

我们要学会放弃，不要总是去问"为什么"，停止寻找借口和理由的冲动。唯其如此，我们疲惫的心灵才能得到放松，才能感到生活的美好。只有这样,我们脆弱的心灵才能慢慢得到修复，才能充满自信地迎接明天的生活。

宠辱不惊，任何时候都别得意忘形

北宋先贤范仲淹在其千古名文《岳阳楼记》中说"不以物喜，不以己悲"，阐发了一种豁达的为人之道。人的一生，总是难免有浮沉。没有谁会永远如旭日东升，也不会有谁永远痛苦潦倒，然而这一浮一沉，对于一个人来说，也正是磨炼的过程。"天将降大任于斯人也，必先苦其心志，劳其筋骨，饿其体肤"。因此，站在高处的不必骄傲；落到低处的也用不着悲观。只要我们以率直、谦虚、乐观的态度积极进取、向前迈进。在失意的时候，不是自暴自弃，而是学会从失去中吸取经验，得到启示，学得更聪明、更理智，从而让失去变得有价值。

一只风筝随风飘扬，越过了屋顶，飘过了树梢，还在不断飞舞。这时，站在树上的花喜鹊看见了，就对它说："风筝大哥，你飞得真好！"

"不。"风筝谦虚地说，"我飞得好，是因为有有风托着我让我不会落下，有线牵引着我，让我不会失去方向。"随着风速的加大，线越放越长，风筝也越飞越高了。等到飞过山顶的时候，它心里开始有点飘飘然了："当我躺在屋里桌子上的时候，完全没有料到自己原来也是一个飞翔的天才！"

随着风越来越大，风筝越飞越高，一直飞到了白云之上。当它俯视地面的时候，突然发现地上的房屋、树木、河流甚至大山都显得那么渺小，甚至连以前觉得高高在上的雄鹰，此刻也在它的脚下了。风筝心里很激动，仿佛自己的身体也在膨胀，变得高大威武起来。

"喂！"它傲慢地对盘旋在它脚下的雄鹰说，"抬头看我！以前大家总是赞扬你飞得高，现在我比你飞得更高！"

雄鹰抬头看看风筝，不屑与它争辩，意味深长地看了看它身下那根长长的线，转身就飞走了。

看到雄鹰的样子，风筝有点不高兴了，它涨红了脸说："你这是什么意思？以为我离了线就不能飞吗？哼，如果不是这根可恶的线拖拽着，我还可以飞得更高。"为了证明自己的话，风筝拼命地挣扎，只听"嘣"的一声，拴在它身上的线断了。果然，在断线的一瞬间，它又迅猛地向上冲了好大一截。风筝很高兴，心里想道：太好了，终于可以摆脱线的控制，我自由了！现在想飞多高就飞多高。谁知，风筝很快便失去了重心，身不由己地向下翻滚，一路向下坠落，最后一头栽进了臭水沟。

就像风筝离开了线会跌跤一样，人如果过于得意忘形而脱离底线，也就容易遭遇挫折。正所谓"得意忘形"。

对于"得意忘形"，人们因为体会得多，往往很容易理解，也愿意相信。然而，世间还存在一种情况——"失意忘形"。顾名思义，就是说有的人本来很幸运，春风得意，对任何事情都处理得游刃有余，然而当这种人一朝失意，各种自卑、烦恼接踵而至，简直完全像变了一个人一样。这样的人，也很容易成为人生的失败者。

所以说，任何时候都不要得意忘形。一个人突然发迹，有了地位，有了财富，或者有了学问，容易气焰嚣张得意而忘形。不过，人要做到得意不忘形固然很难，但也有许多人是失意忘形。这种人可以在功名富贵的时候表现出良好的修养，不会矜功自伐，但是一到了没有功名富贵的时候，生活仿佛就都完了。这样的人会觉得一切都变了，自己觉得自己都矮了小了，由此失意忘形，不再求取上进。

无论是得意忘形还是失意忘形，同样都是修养不够的表现。换句话说，就是心有所住。心有所住，就是内心被一个东西桎梏了，无法走出阴影，不敢沐浴在明媚的阳光中。在面对痛苦和挫折的时候，不能让担忧、恐惧、焦虑和遗憾消耗你的精力，占领自己的心房。要主宰自己，做自己的主人，从从容容才是真的英雄。

有一则有趣的笑话，可以揭示这个道理。

有天下雨了，大家都忙着赶路，唯有一个人不急不慢地在雨中踱步。旁边跑过的人不解地问他："你怎么不跑快点？"此人缓缓地答道："急什么，前面不是也在下雨吗？"从普通生活常识的角度来看，这个人自然有些疯癫，但是如果从另一个角度看，这个人却显得不简单。当人们在面临风雨匆忙奔跑之时，淡然安定欣赏雨景的人其实正是深谙从容的生活智慧之人。在现代都市竞争的人性丛林里，要做到从容淡定很不容易。别人都在慌不择路的时候，只有他镇定从容地享受这一瞬间的轻松和惬意。

人生在世，很难永远一帆风顺。有进有退，有荣有辱，有升有降，有高潮也有低谷，颠簸固然难受但并不可怕。如果认识到了平平淡淡才是真的道理，我们在任何时候都能保持心理平衡，做出明智的选择。在浮沉之际，如若有沮丧的面容、苦闷的表情、逃避的思想和消极的态度，那是你缺乏自制力的表现，是你不能控制环境的表现。要记住，它们是你的敌人，要把它们抛到九霄云外。面对得意和失意，都要从容面对，只有这样才算达到了一种境界，才找到了通向幸福的路。

人生本来就是在得到与失去中来回摆动的。在诸多方面，也许我们在哀叹命运不济的时候，难免会流露出失落、彷徨、伤感的感受，失去才懂得珍惜。然而，只有面对失意，我们才会发现快乐原来是那么简单。

生命如舟，这蚱蜢小船载不动许多愁，也载不动太多的物欲和虚荣。要想使之不在中途搁浅或沉没，就必须看水撑船，必须轻载徐行，学会取舍。我们要牢牢记住，在该放手时就放手，这样才能在失意时候懂得自我修复，在得意时候懂得不以物喜。

提到 NBA 这个全球闻名的篮球联盟，就会有许多人不由自主地想起"飞人"乔丹。乔丹怀着对篮球的热爱，坚守着不到最后一刻绝不服输的信念，终于成为篮球历史上最伟大的球星，他出类拔萃的天赋与技术不知令多少球迷为之倾倒。他曾经两次退役，又两次复出。可以想见，当乔丹宣布退役时，数以千计的人为之遗憾；当乔丹宣布复出时，无数人欣喜若狂，奔走相告。

可以想象，乔丹在离开篮坛时内心肯定是挣扎痛苦的，因为他无法压抑自己对篮球的热爱，他后来的复出就可以证明这一点。可惜，乔丹的手脚并不会因为他的雄心与激情而变得更加灵活。新老交替是自然法则，无人可以改变。"公牛王朝"时的乔丹在电视上经常出现、经常赢比赛，但是当他变成了"奇才队"的队员时，成就不复以往，而其输赢也总是难以揣测。复出后的乔丹渐渐失去了往日"飞人"的风采，不由得使观众产生"廉颇老矣"的感想。乔丹虽然不愿意放弃梦想，但他在消耗自己精力与体力、内心承受痛苦折磨的同时，也让球迷心目中"飞人"的完美形象破灭了。虽然我们仍然由衷地佩服他的精神，但是作为一个篮球运动员的乔丹已经成为了历史。

对于乔丹而言，他的复出或许还有精神鼓舞的作用。但对于普通人而言，生活非常残酷，我们必须该放手时就放手，以这样的心境去面对生活，我们会活得更洒脱些、更轻松些。只要舍得，那后面就是一片风雨后的晴空，是一片波澜后的平静，而那种洒脱和淡然也才是真正的平凡人生大智慧。

无论是一朝得意还是没落失意，放手是一个人最难的抉择。

历史上辞官引退的有范蠡、张良、陶渊明等名人名臣，但是像他们这样淡泊处世的人似乎太少了，与此相反的例子却不胜枚举。和坤大人深受乾隆恩宠，地位极高，又富可敌国，为什么仍然贪得无厌，四处搜刮民脂民膏以至于被抄家？魏忠贤魏公公权倾朝野，做到了九千岁，为什么仍然欲壑难填，几乎不愿容于一人之下？再来看看我们平时耳闻目睹的一些事。为什么不少人明明已经不愁吃穿、小康有余，却仍旧为了追逐更多的财富不择手段、投机钻营，以至于银铛入狱？为什么有那么多名师、名家固步自封，守着陈年旧法自以为是，不知不觉中被时代冷落、淘汰仍然不觉悟？为什么有那么多的股民、彩民、赌徒常常输得倾家荡产，妻离子散，却仍沉迷于其中不能自拔？为什么有些高官声名显赫、家财万贯，仍在费尽心机地往上爬，不惜知法犯法，不断行贿、索贿，以至于天怒民愤？……这就是因为他们不知道放手，不愿放弃名利，不愿放弃权欲，甚至是贪得无厌。

世界上的好东西很多，甚至是数之不尽，如华衣美食、高官厚禄、帅哥美女……但是，这些东西绝对不会、也不可能全部变成一个人的财产。那么，我们为什么不去珍惜已拥有的一切，反而整天为那些不靠谱的，永远追求不完的目标，甚至自我设计的圈套伤心劳神呢？

就因为放不下到手的名利、地位，有的人整天东奔西跑，累得半死不活；就因为放不下诱人的钱财，有的人机关算尽，不择手段想捞一把，结果却作茧自缚，反误了卿卿性命；就因为放不下对权力的占有欲，有的人热衷于溜须拍马、上贿下贿，不惜丢掉人格的尊严，为人所不齿。这样的例子简直太多了。

其实，"失之东隅，收之桑榆"，放弃自有放弃的妙义。多一点中庸的思想，静观万物，我们尝试着体会宇宙博大的胸襟，自然会懂得适时地有所放弃，这正是古今贤人获得内心平衡、获得快乐的秘诀。

关于取舍，电影《卧虎藏龙》里，李慕白对师妹说过这样一句话："把手握紧，什么都没有，但把手张开就可以拥有一切。"道理虽然简单，但是要我们身体力行的时候就难上加难了。其实有时自己能得到什么或失去什么，我们心里已经很清楚，只是面对太多好的东西，太多的诱惑内心纠结，一样都舍不得放手。现实生活中，没有在同一情形下势均力敌的东西。可惜很多人看不透，它们多少都会有些差别。因此，我们应该选择那个能够带来长远利益的东西。有些东西，你以为这次错过了就不会再出现，可当你真的放弃了，你会发现其实它还会在你生活中出现无数次，并不难得。所以，不必对那些你放弃的东西耿耿于怀，可以从失去中寻觅走向未来的价值，但绝对不应为此伤心劳神，记住该放手时就放手。

古人云，"舍得"。这两个字是分不开的，有舍才有得，有得必有失。所以，要想看到未来，要想得到，就要大胆去放弃。决定了就别反悔，时间的列车是不等人的，该放弃的时候不放弃，等到别人拥有的时候就是你失去的时候。

懂得选择，
勇于放弃才能摆脱苦恼

　　孟子云："鱼与熊掌不可兼得。"在诱惑面前，一个成功的人最重要的特质就是要知道什么才是适合自己的。舍鱼而取熊掌，远比同时追逐二者更重要。

　　只有勇于放弃，你才能摆脱在泥沼中痛苦跋涉的艰辛。

　　在放弃中犹豫，不过是痛苦地维持着原状；果断地放下，却可以迎接新的明天，你会做何选择呢？

　　古时候，有一位师父长途跋涉去外地取经。因为他住在一个偏远的寺庙里，从未出过远门。当他走到一个地方时，看见那里有许多卖水果的。在这个地方，由于常年干旱缺水，水果产量向来不多，因此许多小摊卖的水果虽多，却价格昂贵，所以顾客寥寥无几。那位师父发现，其中一个大篮子里面装着一种红色长条形的水果，看上去很好看，但是这种水果的价格最便宜。

他赶了一天路，口渴难忍，而囊中又颇为羞涩，于是便走过去询问："这个一斤要多少钱？"小贩回答："两毛钱。"两毛钱在当时根本不算什么。于是，他就买了整整一斤，立马咬了一口，没想到，这位师父顿时满脸通红，眼泪和口水一齐流了下来，整个嘴巴辣得肿了起来，头好像要烧起来。他又咳又呛，几乎喘不过气来，在那里边跳边叫。

虽然滋味难受，但师父没有停下来，反而继续吃。有人看到他的样子感到很疑惑，就对他说："师父，这是辣椒，是用来调味的，不是这样吃的。平常做菜时我们每次都只放一点点，可以增加食物的口感，不能像你这样吃那么多，会很辣的。这可不是水果，不能这样直接拿起来吃啊！"那位执着的师父说："不行，这是我花钱买来的，不能扔了。我要把它吃完，这可都是钱啊。"

看完这个小故事，你可能要笑上一阵，笑这位师父的痴傻和见识短浅，但其实有时候，我们也做过类似的傻事。比方说，我们在某些事情上投入了自己的精力、财力，大量的注意力和心血放在上面，才发现这件事情根本不适合我们继续做下去，但我们还是舍不得放弃，因为已经投入了就总想有点回报。像这种情形，我们日常所见并不在少数。然而，与其这么痛苦地坚持，不如勇敢地放弃。

只有勇敢地放下心中膨胀的欲望，才能实现真正的梦想。

如果生活是水，那么人的欲望就如水中的鱼。人生在世，欲望永无止境，就像鱼永远都需要水一样。问题在于，人的欲望如果不加克制，会让许多人变得贪婪和不满，为人处事心口不一，口蜜腹剑，笑里藏刀，用计谋和别人不断周旋，追逐各种口腹之欲。但很多情况下，这些人都会最终搬起石头砸自己的脚，变得痛苦不堪。

在面对金钱、名利等不能达到的欲望时，我们如果还对幸福和快乐有一点真诚的渴望的话，那就一定要适可而止。人生短短数十载，不过是白驹过隙，除了快乐，一切都是身外之物，我们又何必为此浪费宝贵的青春呢？人有适当的欲望可以促使人努力上进，但是如果这欲望过度膨胀，没有止境，一心只想着那些永远都不能满足的事情，那么一个人就会变得不近人情，变得疯狂放纵。一匹马喜欢向前奔跑是好事儿，但如果它一直奔跑下去就会累死。

我们还犹豫什么呢？勇敢地放下永无止境、过度膨胀的欲望吧，抛开让自己痛苦、压抑的烦恼，不要去迷恋那些对自己来说没有任何意义的名利。一切名利不过是过眼云烟而已，只要轻轻松松活出自己的潇洒就好。

唯有这样，我们才能找到正确的方向。

有时候，我们为了达到自己的目标或实现自己的理想，先期投入了许多东西，经过一段时间的努力后我们发现，这个目标或理想不切合实际或太渺茫。这时，我们不要因为痛惜以前的投入，怀恋自己的感情而舍不得放下。须知，与其丢掉一头牛，不如趁早将缰绳割断。

如果你在歌唱方面有过人的天赋，但却在没意识到这一点之前学习了钢琴，那么不要因学习了很多年钢琴就舍不得放弃。勇敢地放弃吧，这样你才能重新发现自己的天才的意义，唯有这样，你才能有一个好的未来。如果一只青蛙为了飞翔的梦想而绝不放弃、始终努力，我们感慨它的梦想，却只能哀叹它的愚蠢。该放弃的时候，就趁早放弃吧，不要钻牛角尖。与其让努力无意义，不如让生命的帆船早点朝着正确的航道调整。

总而言之，唯有放下无谓的努力，我们才能更好地审视自我，准确地认知自己，清晰地了解未来，明确努力的方向。当你找对了风的方向，风才会把你吹向幸福的彼岸。

第五章

守得住

——泰山崩于前而色不变，麋鹿兴于左而目不瞬

　　在武侠小说中，内功修为卓越的人总能战胜剑术高明但内力不足的人。在生活中，一个内在修养优秀的人也更容易取得成功。很多时候，我们因为一点小事便大光其火，甚至为此失去理智，结果是让人际关系变得很糟糕，又无助于解决问题。因此，一个人如果能够学会控制自己的行为和情绪，就更容易取得成功。

千万不要轻易放纵自己
自我管理，

生活不是演电视剧，每天都有戏剧化的事件发生，人生高潮迭起。大多时候，普通人的生活是枯燥的、平淡无趣的。我们每天工作、学习、回家吃饭、休息，每天都是做同样的事、面对同样的人，重复同样的话。这样日复一日的单调生活很容易让人觉得疲惫不堪。于是，我们总想放松一下自己，随时渴望另外一种新鲜刺激的生活，但这种放松却不等于放纵。

千万不要轻易放纵自己，因为一次放纵可能会毁了你的一生。要知道，有些事情一旦发生是不能挽回的，而我们这个世界上是没有后悔药可买的。每个人，尤其是一个成年人，要对自己的行为负责。只有对自己负责的人，才有希望过上自己期望的生活。要管理好自己，首先的一条就是不要放纵自己。放纵自己是最不负责任的态度，同时也是根本不珍惜自己的表现。一个不懂得珍惜自己的人，如何能珍惜别人、珍惜世界呢？再说，假若你都不珍惜自己，怎么指望别人来珍惜你呢？

也许你觉得生活过分平庸和单调，但是切不可被眼前的寂寞、无聊、空虚挡住了双眼，更不要以彻底的放纵来释放压抑的心情。不要抱着一种侥幸心理，自认为坏事不会降临到自己头上。不要非等到厄运降临的时候，才懂得去珍惜平淡生活中那一份简单和真实。我们都是平凡的人，在柴米油盐酱醋茶的平凡生活中，孝顺父母、爱护妻儿。这样的生活或许简单而平凡，但却自有一种素净的美丽。不要奢求那些不属于我们的东西，当你放纵的时候或许觉得很爽快，但事后你一定会发现，我们不应要也要不起放纵中的那一份快乐。

父亲、母亲和年轻的儿子一家三口一起在超市购物。结完账，父亲让儿子将使用过的手推车送回到原来的地方。儿子说，"爸爸，你看到没有，手推车扔得到处都是，没有一个人送还。超市专门雇了工人，他们负责归拢手推车。"父亲却耐心地教导儿子："儿子，你认为送还手推车是不是一件有益的事呢？"

乖巧聪明的儿子听后陷入了沉思，他一言不发，好像在思考一项很重要的事情。短暂的沉默后，母亲插嘴说："这又不是什么大不了的事情，别太苛求儿子了，我们回家吧。"父亲本来打算不再坚持，觉得没有必要为此为难儿子。可是，就在大家准备离开的时候，父亲看到一对年迈的老夫妇正一人推着一辆手推车，将它们送还到了原来的地方。亲眼目睹了这一情景后，父亲再次对儿子说道："儿子，这世界上大概有两种人，一种人用过手推车后将它随处一扔了事；另一种人则会将它送还回去。我希望你做第二种人。现在，你把手推车送回去吧。"

这是一个简单的故事。但显而易见，故事的核心内容并不是在探讨送不送还手推车的问题。超市里既然提供了有关服务，就赋予了顾客不送还手推车的权利，这也是服务的一种。但故事的核心要义在于，它探讨的是，在一个简单的善意行为背后潜在的价值问题。

这个世界上有两种人：一种人总是习惯性地去做正确、有益的事；另一种人则是寻找理由放纵自己，即便那些事情自己也觉得符合道德观念，但就是想要不受规则的制约。第一种人的做法无疑是可贵的，是令人尊敬的。无论别人做不做，他们都会坚定地去做自己认为正确的事情。在某种程度上，这并不是因为他们认为这样的举动会改变世界，而是因为他们不想让世界改变自己那一分正确的观念。

放纵不是咖啡的休闲，而是毒药的麻醉。我们必须记住，放纵并不等于放松。虽然古人不断吟诵"今朝有酒今朝醉"这样的洒脱之语，然而，如果你真的抱着今朝有酒今朝醉的想法去做一个现代人，那你可就大错特错了。放纵自己其实是对自己极其不负责任的做法，是忽略了自己的生存环境，而且是不能够正确识别个人发展阶段的行为。这样的人最不懂得珍惜自己。他们只会在寂寞、挫败之后，立即找到一个看似合理的出口释放自己的情绪。但是，他们往往忘记，这个出口并不是一个健全的出口，在那一种释放的背后，并没有解决当前问题的钥匙，而是推迟、逃避了对问题的解决。一个人如果真地珍惜自己，爱护自己，就不要随便放纵自己。

善待自己就要管理好自己。放纵自己的人可能会得到一时的快乐，但同时也会因为目光短浅而失去更多的快乐。当我们长时间无法得到突破时，人就会觉得自己进入了平台期，这段时间可能变得琐碎无聊，甚至烦恼不堪。此时，人很可能就会迷失自我，变得不负责任，变得放任自己、或者放弃努力。这时候，一个人的正确做法是，应该花更多时间去学习，或者思考、分析环境和自身。要重新确立和建构自己的生活，要对自己和未来保有信心，而不是放纵自己。要懂得管理自己、珍惜自己，这样才是真正的善待自己，这样才对得起自己。

敢坦诚面对自己的缺点
自我反省，

　　我们见过很多人，在失败的时候泣不成声。但我们也听说过很多人，在失败的时候面壁沉思。一般情况下，前者让人同情，后者却更加让人尊敬，因为他们面壁的目的是"破壁"，也因此总能很快走出失败的阴影。

　　我们是人而不是神，面对真真假假、迷离纷乱的人生，一般人很难不犯错误。所谓覆水难收，一个错误一旦犯下了，无论你怎样去弥补，都不可能让事情重新来一次，也不可能让它再变成正确的。既然如此，何必哭泣？关键是犯了错误之后你的态度，是一味地自责，还是从错误中重新审视自己？与其不停地责难自己，不如重新认识自己，重新给自己定位，对事情重新考察和分析，防止以后再犯类似的错误。

　　当你犯了错误时，除了愧疚之外，更重要的是反省。这是让你人生取得进步的关键之处。在找出导致错误原因外，我们还可以从错误中学到很多东西。这些东西包罗万象，或许是人生观的一次调整，或许是人际关系的一次改善，或许是对人性本质、自我优缺点及现实与理想差距的认识等。由这个错误出发，我们能够得出很多正面价值，这远比眼泪更有意义。

　　有了错误固然让人不开心，但这也不完全是坏事，因为从错误中可以汲取教训。过河需要摸石头，成长也需要犯错误。问题是，你如何去挖掘、诠释及应用这些错误。每个人的诠释手法不同，这些宝藏的价值也有所不同。错误中总有教训，但这种教训是垃圾还是宝藏，那就由你决定了。历史上许多伟大的发现和发明，都是在"错误经验"中诞生的。哥伦布和爱迪生取得空前的成就，不是因为他们不犯错，而是每一次犯错都变成了他们下一步成功的开始。所以，不要因为犯了一次错、摔了一次跤，就深深自责甚至否定自己，而要学会让自己重新行走的新经验、新知识。

　　孔子说："过而不改，是谓过矣。"这句话的意思说，一个人如果犯了错误，却不知道改正，那才是真正的错误。如果知道了错误，能够改正并且努力去改正，这样的错误反倒能够得到孔子的赞扬。

　　春秋时期，鲁国公曾问孔子的得意门生颜回说："我听你的
老师孔子说，同一类错误，你绝不犯第二回。这是真的吗？"颜回
答道："这是我一生都在努力要做到的事情。"鲁国公又问："这
是很难做到的事情啊。你是怎么做到的呢？"颜回说："其实，要
想做到这一点并不难。我时常反省自己，看看自己哪些事做对了，
哪些做错了；做对了的就坚持下去，做错了的就引以为戒。这样
坚持久了，就能做到不犯第二回了。"鲁国公听后非常感慨，他赞
叹地说："经常反省，从无二过，这可以说是圣人了。"

　　在这个世界上，从来不犯错误的人恐怕是没有的，就连颜回
这样过去犯过的错误绝不犯第二次的人也不多见。颜回是不是绝
对没有重复犯过相同的错误很难考究，我们也不必苛求永远不犯
同样的错误，但是我们必须学习他这种经常自我反省的精神。

　　反省是一面"镜子"，能将我们的错误清清楚楚地折射出来，
让我们有改正的机会。唐太宗就善于用"镜子"比喻那些可以反
省错误的事情和人物。他说，"以铜为镜，可以正衣冠；以史为
镜，可以知兴替；以人为镜，可以明得失。"一个人，只有具备

了知错反省的勇气，能够坦然地反省，才能够真正明白今日的是
与非，也才能够尽量少犯同样的错误。

宋朝文学家苏轼写过一篇《河豚鱼说》。文章讲的是，河里
有一条豚鱼，它游到一座桥下，恰好撞在桥柱上。它不责怪自己
不小心，也不打算绕过桥柱游过去，反而生起气来，一味地恼怒
桥柱撞了它。这条鱼气得张开两鳃，鼓起肚子，漂浮在水面，很
长时间内一动都不动。结果，一只老鹰发现了这条愚蠢的鱼，一
把将它抓起来。转眼之间，这条生气的河豚就成了老鹰的美餐。

这条河豚不知道反省自己，反而迁怒于别人，可谓一错再
错。如果一个人像这条鱼一样不知道反省，结果自然也会同样是
自寻死路。

自我反省是对自我的体察、觉悟与反思，要真诚地深入到灵
魂深处，客观看待自己的做法，还要敢于坦诚面对自己的缺点。
真正的自我反省起码要做到三点：不回避问题，不掩饰缺点，不
自欺欺人。一个成功的人会将自我反省自觉地内化成个人的一种
修养，使之成为一种生活习惯。只有不断地反省自己，一个人才
能不断自强；一个人只有不断地反省自己，才有可能不断改正不
足，不断进步，避免日后犯同样的错误。错误往往不在于错误本
身，而在于人思维的缺陷，只要不被错误麻痹住，不被自责困

住，学会用头脑清醒地分析错误，就能够适时弥补自己的思维弱项，也就能够对未来有更清晰的判断。

事情往往没有我们想象中的那么完美。不曾预料到的情况接二连三地发生，不愿意发生的事情陆续而现，去年是这样，今年也一样如此。我们总是被这样的事情烦扰着。可是，到底是谁在引发这些事情呢？没错，正是你自己惯性的错误认知。出现错误的时候，我们不能将反省局限在错误本身，而要找到错误的本质，挖掘根源，把它摆出来解决掉。只有这样，一个人对错误才会印象深刻，才会做到心中有数，才会永远避免类似问题。

自我反省，不仅仅是解决一个问题那么简单，更多的意义在于一个人对自己负责。能够不断反省自己的人，是头脑清晰地活着，而不是稀里糊涂地过日子。自省能力强的人，不但可以了解自己的一时之差错，还能了解自己的长处和短处。这种检视叫做"自我观照"，也就相当于跳出自己的身体之外，客观地、坦率无私地审察自己的所作所为。所谓"旁观者清，当局者迷"，一旦这样观察，一个人就可以真切地了解自己，不断自我更新。

控制情绪，
忍一口气不去与人争吵

　　在现实生活中，每个人都难免会有与他人有意见不一致的时候。这时，有些人会因心绪难平而暴跳如雷，为了争一口气而与他人发生旷日持久的争辩。在这种情况下，如果当事人能够忍住那股火气，而不是一跃而起与对方争辩，事情或许会更顺利地解决。但如果不能忍住那股火气，坏情绪就会发展得十分迅速，并迅速发展到更白热化的状态。我们在报纸上读到的很多社会新闻，都是因此而最终一发不可收拾，引起更大的祸端。

　　忍下一口气不去争吵，这对任何人，尤其是年轻人来说，无疑是非常困难的，但这对于一个人的成长来说却非常重要。年轻人棱角外露，初生牛犊不怕虎，总想与他人一较高低，固然是一种青春朝气蓬勃的态势，但是一旦发生争执，这种情绪也会更加一发不可收拾。所以，学会忍，对年轻人来说尤其重要。

在工作和生活中，由于大家的知识背景和工作习惯不同，遇到与自己看法和意见不一致是常事。很多人往往会选择与他人争辩，以求压迫对手服从自己，但这并不一定是解决问题的最好方法。在争辩的过程当中，双方势必会想办法证明自己是对的，别人是错的，而不太顾及别人的感受。如果双方能够就事论事，自然皆大欢喜；但假若一方将这种怒气延展到其他方面，后果就很难预料。

有些时候，基于对话地位的不同，一旦你开口与他人争论，那么你就已经输了。美国耶鲁大学的两位教授曾经耗费 7 年时间做过一个实验，专门调查种种争论案例。他们观察的案例包括夫妻之间的吵架、店员之间的争执、售货员与顾客之间的斗嘴等。结果，实验结果表明，凡是主动攻击对方的人，几乎无法在争论方面获胜。

大多数情况下，争论都是从一句话开始。如果双方能从开始就心平气和而不是怒气冲冲，那么很多灾难将就此被扼杀在摇篮里，后面的事情自然不会发生。

对我们来说，在发生意见不一的时候，首先要检点自己的行为，其次就是要明白"三人行，必有我师"。

当你与别人的意见不能统一的时候，不妨先停止为自己辩护，而是多听听别人的意见。每个人的脑力都是有限的，不可能每个方面都能完全想到。大家做同一件事情，别人的意见很有可能是从另外一个有益的角度提出。如果能够将别人意见中的可取之处与自己的结合，那就要比自己一个人的方案更好。

当别人对你提出批评的时候，不要因为对方说话不中听就给自己找理由开脱，而应该学会感谢对方。如果确认你说的或做的是正确的，而别人的是错误的，那也不要和他争辩不休。争辩永远解决不了任何问题，相反还会伤害双方的感情，影响双方的合作，最终会给所有人带来许多不快。通常情况下，没有人愿意听到别人否认自己的观念，进而对自己指手画脚地评价和指正。第一，即使我们说的是对的，对方也未必听的进去。再者，在与他人争论时，双方都会假设自己是正确的，总是试图将自己的观点强加于别人，而较少考虑对方的意见，这样往往引发很多不必要的误解。

此外，与其咄咄逼人地辩护自己的观点，不如耐心听对方表达其意见。让别人有说话的机会，给双方一个沟通的可能，会更有助于问题的解决。

当我们与其他人谈话时，每个人的观点都会有所不同的。当别人提出不同观点时，应当听完整，而不能只听了一点就开始争辩。让别人有说话的机会，不仅要让对方表达完整，还要允许对方说出不一样的观点。这样做，第一是尊重对方，第二是更多地了解对方的观点。世界是丰富多彩的，通向幸福的道路也有很多种，并不一定要局限在一个观点上面，而要考虑多样化解决问题的可能。

一个能够控制情绪的人，在听完对方的话后，首先想到的是去观察对方观点中自己认可的意见，看是否与自己的方案有相同之处。如果对方的观点是正确的，我们就应该积极采纳，并主动指出自己观点中的不足和错误之处。即使对方的观点与你的相左，也不要一味地争辩，而要考虑到每个人的文化背景、思想均不同，观点各异不足为奇。

记住一点：差异并不重要，重要的是解决问题。

懂得谦让，
忍让是一种成熟的涵养

日常生活中，有许多无谓的争端在闹大之后会让人觉得不可思议，因为当事人居然是因为在一些小事上不能忍让，于是一时不能忍，最后铸成大错。这样的案例简直不胜枚举，结局无一例外：不仅伤人，而且害己。时过境迁，许多当事人都会说，"如果我当时能让一让……"但悔之晚矣。

忍让并不意味着懦弱，而是一种为人的修养，甚至是一种美德。一个懂得忍让的人更懂得生活的艺术，会明白那是一种成熟的涵养，更是一种以屈求伸的深谋远虑。不可否认的是，忍让也是人类适应自然选择和社会竞争的一种方式，懂得忍让的人完全可以过得更舒服。

　　一天下午，库克驾驶着他蓝色的奔驰回到公寓的地下车库。正要停车的时候，他发现那辆黄色别克又停得离自家泊位那么近。"为什么老是不给我留地方？"库克心中愤愤地想。

　　这天，库克比那辆黄色的别克稍早一点回到家中。当他正想关掉发动机的时候，那辆别克开了进来，驾车人和以往一样把她的车紧紧贴着库克的车停下。库克见状实在无法忍耐，外加他正好感冒，所以头疼得厉害，况且他还刚收到税务所的催款单。于是，库克怒火中烧地站起来，怒目瞪着黄色别克的主人大声喊道："瞧瞧你！又是你！是不是可以给我留些地方？你就不能离我远些？"

　　那位黄色别克的主人见状也瞪圆双眼回敬库克："和谁说话呢？"她边尖着嗓门大叫，边离开车子不屑地说，"你以为你是谁，是总统吗？"说完这句话，她不屑一顾地扭转身子便走了。

　　库克一个人呆在原地，一边咬牙一边心里想："我会让你尝尝我的厉害。"第二天库克回家时，黄色的别克正好还没回到车库，于是他把车子紧挨着她的车位停下。这样一来，她就会因为水泥柱子的阻碍而打不开车门。

　　不料，接下来的几天，那辆黄色的别克每天都先于库克回到车库，并且停车更加过分。这样一来，库克停车总是很不舒服。

"老这样下去能行吗？我该怎么办呢？"库克很苦恼，不过他很快想出来一个"好主意"。第二天早晨，黄色别克的女主人一坐进车子就发现挡风玻璃上放着一个信封，她打开信封看到了下面的内容：

亲爱的黄色别克：

　　首先我感到很抱歉，我家男主人那天向您家女主人大喊大叫。但他并不是有意的，这也不是他惯有的作风。那天，他从信箱里收到一封带来坏消息的信件，心情很不好。所以，我希望您和您家的女主人能够原谅他。

　　　　　　　　　　　　　　　　您的邻居蓝色奔驰

　　过了一天的早晨，当库克走进车库，也一眼就发现了挡风玻璃上的信封。他迫不及待地抽出信纸，看到了对方的回信：

亲爱的蓝色奔驰：

　　我家女主人这些日子也一直心烦意乱。她刚学会驾驶汽车，因此还停不好车子。看到您写的便条，我家女主人很高兴，她也会成为你的好朋友的。

　　　　　　　　　　　　　　　　您的邻居黄色别克

　　从那以后，每当两辆车相见时，他们的驾车人都会愉快地微笑着互相打招呼。库克和那个女司机也就此成为了好朋友。

忍让是一种做人的美德，也是一种处世的艺术，甚至是一种淡然的生活态度。如果我们能够牢记这种态度，生活中许多令人不快的事和情绪就会消失得无影无踪。

第六章

要淡定

——自处超然复泰然，也无风雨也无晴

　　人生不如意事常八九，如意事不过一二。不论是在工作中，还是在日常生活中，我们总会遇到各种"风雨"。只有自处超然，我们才能平稳淡定地渡过这些难关，甚至从中汲取经验，从而泰然处之，为自己的未来赢得更多砝码。

幸福需要你自己来成全
自己做主，

　　如果你热爱生活，你就注定是它的主人；如果你憎恨生活，那么它就会毫不客气地变成你的主人。爱情、亲情，还有事业，都是我们生活中不可或缺的一部分。如何对待，如何享受，如何品味，就等于我们选择了如何对待自己的人生、自己的幸福的方式。生活是自己的，没有人能够替你承受，自然也没有人能够替你选择。生命是一个过程，而不是一个选项，能够得到什么样的幸福需要自己来成全。

　　英格莱特先生可谓命途多舛。起初，他得了严重的猩红热。

在医生的精心照料下，他的病情渐渐好转。不料，他发现自己又得了肾脏病。为此，他到各地看过很多医生，但是，所有医生都束手无策。

祸不单行，此时英格莱特先生又被诊断已经患上另一种并发症——高血压。一个医生说，他的血压已经到了214度的最高点。由于实在看不到治愈的希望，医生们无奈地宣布他已经没救了——情况如此严重，以至于大家劝告他的家人：最好马上准备料理后事。但是，他却奇迹般地好了起来，病情一天天好转起来。我们来分享一下他的奇迹：

那一天，我回到家里，弄清楚所有保险都已付过了，然后就准备向上帝忏悔我犯过的各种错误。我一个人坐下来，很难过地默默沉思。由于自己的不幸，所有关心我的人都很不快乐，我的妻子和家人非常难过，我自己更是深深地埋在颓丧的情绪里。然而，这样的状态没有持续下去。在经过一星期的自怨自艾之后，我恶狠狠地对自己说："英格莱特，瞧你这样子简直像个大傻瓜。你在一年之内恐怕还不会死，趁还活着，你为什么不好好地和家人说说话，大家一起吃顿饭，唱个歌，快快乐乐的不好吗？"于是，我决定昂首挺胸地生活，脸上开始露出微笑，让自己表现出好像一切都很正常的样子，以一个正常人的姿态生活。我承认，刚开始的时候那相当费力，但是我强迫自己去表现出很开心、很高兴的样子。事实证明，这不但有利于我的家人，对我自己也大有帮助。他们越来越开心，几乎忘记了我的病情，而我自己因为有快乐牵引也越来越健康。渐渐地，我几乎能够感觉自己精神百倍了。这种状况上的改善持续不断地出现，结果是，我不仅很快乐、很健康，还能活得好好的，生命无虞，连我的血压也降下来了。

经历了这些之后，有一件事我可以肯定：如果当时我一直想到自己会死、会垮掉的话，那位医生的预言没准儿就会实现了。可是，上帝保佑，我给了自己的身体一个自行恢复的机会。说实话，药物对我已经没有用了，什么都没有用，除了我的心情。

英格莱特的经历告诉我们，快乐要由自己来掌握，幸福要靠自己来成全。如果说，特别开心的情绪、充满勇气的思想能救一个人的命，那么，沮丧、忧愁的沉郁就能杀人于无形之中。大家恐怕对此都有所体悟，既然如此，你我为什么还要为一些小小的不快和颓丧而难过伤身呢？

幸福需要寻找，但幸福需要选择。不管遇到什么情况，我们每个人都有权利选择幸福。休·当斯说："所谓幸福的人，不是

指那些处在某种特定幸福情况下的人，而是持有某种特定态度的
人。"

　　没错，人生处处有令人烦恼的事，但仔细想来，只要当时我
们别盯着这些事不放，或者能够换一个角度想问题，我们就不会
为之那么烦恼了。一个人，应该积极生活，而只有态度才能决定
你是否自由并幸福快乐着。

　　生活是多姿多彩的，但这种美丽只给有准备的人留着。你一
定要记得时常停下匆匆的脚步，留出时间去感悟幸福的心境，去
珍惜拥有幸福的机会。放松心灵，也就是善于成全自己的幸福，
也才能享受生活中的美!

　　没有人是不愿意追求幸福快乐人生的。尽管每个人对幸福快
乐的理解各自不同，但有一点却一定是相同的，那就是"惜福得
福"。事情本身并没有幸福和不幸之分，但是我们的情绪，我们
对待事情的方式，会让我们陷入不幸。要拥有幸福，就要自己学
会正确地处理事情，要学会成全自己，由此才能够永远感受到快
乐愉悦的心境。

云淡风轻，
有平常心才有坦然人生

　　"宠辱不惊，闲看庭前花开花落；去留无意，漫随天外云卷云舒。"明代洪应明所编的《菜根谭》是一部论述修养、人生、处世、出世的语录集，而这一句话最为人所熟知。从字面上来看，这句话是说，为人处世要能视宠辱如花开花落般平常，才能不惊；视去留如云卷云舒般变幻，方能无意。实际上，这句话强调的是一种人生态度，只有以平常心看万事万物的变化，人才能够达到更高的修养，才能够更坦然地享受自己的人生。

　　现代社会中，大多数人会觉得自己活得很累，生活、工作连轴转，甚至有些人觉得不堪重负。人们很不理解，为什么社会文明在不断进步，而大家的思想负荷却更重，精神却越发空虚？的确，社会在不断前进，人类文明也更加进步了，然而文明社会的一个特点是：人与自然日益分离。为了追求发展，人类往往以牺牲自然为代价，其结果便是陷入世俗泥淖而无法自拔。一旦人们执着于追逐外在的礼法与物欲而不知什么是真正的美，那就丧失了本心，不知道什么才是我们应该珍惜的，即便偶然领悟也不知道应该如何去珍惜。

洪应明的这句话恰恰给我们指明了一个方向。尽管只有寥寥数语，但却深刻地道出了一个人对事对物、对名对利、对如意和失落应有的态度：得之不喜、失之不忧、宠辱不惊、去留无意。唯有这样，一个人才可能无论外界环境如何变化，都能保证自己心境平和、淡泊自然。有了这样的心态，才能更好地珍惜当下的幸福。

传说有一位白隐禅师，德行非常高，前来拜师学习的门徒也就特别多。

距离白隐禅师修行的寺院不远，有一户人家。他们以开布店谋生，全家人都是这位禅师的信徒。这户人家的小姐和一个年轻人因情生爱，互相爱慕，两人私定终身，结果小姐还没有议定婚期就怀上了孩子。做父亲的见状很生气，便一再逼问小姐，这个私定终身的男子是谁？小姐很害怕，她怕自己讲出来之后事情会变得更糟，根据当时的情况，那个年轻人甚至有可能被自己的父亲打死，所以她千推万阻，始终不肯讲。后来，小姐经不起父亲一再逼问，又知道他平生最尊敬白隐禅师，因此就故意撒谎："我肚子里的孩子是白隐禅师的。"被愤怒冲昏了头脑的父亲听后立即行动，拿着木棒来到寺院，想要教训这位不受风俗约束的禅师。他倒了寺院之后，不由分说地痛打了禅师一顿，不允许他有任何辩解。

事情发生时，白隐禅师对这突如其来的意外感觉莫名其妙，直到他听了这位父亲的话才恍然大悟。他心里已经明白，这到底是怎么一回事了。然而，他看看那位生气的父亲，什么话都没有说。等到小姐十月怀胎，那个小孩生下来了，小姐的父亲很快亲自把小孩抱到寺院，一言不发地丢给了白隐禅师。

禅师也不多话，默默地收养了这个孩子。不过，这并不能为人理解，即便他是有名的法师。每当白隐带着孩子出门四处化缘时，就会为此遭受众人的耻笑。虽然这对禅师的名声产生了很大的负面影响，但是他毫不在意，只是默默的用心抚养那个小孩。

这些事情发生的时候，孩子真正的父亲闻听风声，出于避祸心理早已远赴他乡，吓得不敢再露面了。事情过去好几年，直到乡里的乡亲已经几乎快要忘记这件事情的时候，他才回到家乡找到这位小姐。两人相逢，自然将往事一一述说。当知道后来发生的事情时，这位男子跟小姐说："你怎么能让禅师替我们受过呢？这样做太不合适了。"于是，两人决定向小姐的父母说明真相，并且亲自来承担后果。结果，当事人的父母听说真相后非常后悔，立刻带着全家老小来到寺庙，一同对白隐禅师赔罪。禅师听了以后没有生气也没有谴责，只是对他们简单地说了一句："既然是你们的，那就抱回去吧！以后好好地将他抚养成人。"

白隐禅师之所以始终没有多说话，那是因为他一辈子都是用心在做事，凭心而行，于外物不喜、不悲，既不因为好事而喜形于色，也不因为坏事而惊诧伤悲，能够始终以淡泊的态度面对世界，同时又不失一颗慈悲之心。在世界上，最不容易养成的，其实就是淡泊宁静的胸怀。一个人，如果能够不贪求功名利禄，不沉迷于酒色财气，那么无论面对何种情境，都能做一个本我的人。

波兰科学家居里夫妇都是世界上有名的学者，居里夫人甚至还是迄今为止唯一一位能够两次获得诺贝尔奖的女科学家。尽管事业如此成功，他们夫妇两个却生活俭朴，不求名利。一般来说，勋章是荣誉的象征，是许许多多人梦寐以求的东西，可他们两人却视之为孩童的玩物，一点也不珍惜。1902年，居里先生因为自己的科学研究成绩收到了法兰西共和国大学理学院的一份荣誉勋章，对方提出，要表彰他的卓越贡献，务请他接受这份荣誉。然而，居里和夫人商量以后，还是决定拒绝这份美意。他们写了一封回信，其中说到："请你们代我和我的妻子向部长先生表示谢意，并请郑重转告，我对学院的荣誉表示尊敬，也对科学表示忠诚，但我却对这份勋章没有丝毫兴趣。事实上，我只要有一个实验室就够了，其他的东西我都不需要。"

还有一次，居里夫妇的一位朋友应邀到他们家里做客。本来，客人认为他们会对自己的荣誉很珍惜，不料他却看见居里夫人的小女儿正在玩儿一枚很珍贵的金质勋章，那是英国皇家协会刚刚授予居里夫人的。对这样一幕奇景，朋友惊讶地说："这枚金质奖章意味着学术界至高无上的荣誉，有多少人梦想得到呀。你们能得到它真是太不容易了，怎么让这么小的孩子随便玩呢，也不怕弄坏了？"居里夫人却平静地对客人说："我并不是不在乎科学界的评价，但是我不能被荣誉锁住了前进的脚步。而且，我之所以这样，就是要让她从小就建立一种观念，荣誉这东西即便级别再高，那也只不过是玩具而已。我们可以玩玩这种玩具，但是绝不可以太看重。如果一个人永远守着荣誉，在功劳簿上睡觉，那么他就不会有出息。"

宠辱不惊其实就是一种淡泊的心境，这并不是让人对外物毫无感觉，如同苦行僧修行一般。事实上，人世间没有谁能真的一点不为外物所扰。即使是孔子这样的千古圣人，也会有临川而叹感慨人生流逝的时候，"子在川上曰，逝者如斯夫，不舍昼夜"。圣人尚且如此，更何况我们这些不得不终日为生计奔波的碌碌之人呢。居里夫妇和白隐禅师一样，都可以说是属于淡泊之人。他们的淡泊，不是因为他们对什么都不重视、目空一切，恰恰相反，他们之所以如此，是因为有更重要的东西值得他们去珍惜。白隐禅师珍惜的是自己的信仰，而居里夫妇珍惜的是自己的事业。正因为他们对这些东西如此珍惜，以至于他们对其他的东西看得淡、看得开。

不懂得珍惜拥有的事情，就会有无尽的物欲。在欲望的驱使下，人就会习惯于追逐自己没有的东西，得失意识便显得更为重要了。花开了，你固然会欣喜万分；花落了，你却注定愁肠百转。殊不知，花开时迎来了美丽，花落则会收获硕果。如果得失心太重，就容易看见了美丽却看不见果实。所以，珍惜无非就是"去留无意，宠辱不惊"，也即保持一颗淡泊之心。

在这个物欲横流的时代，我们如何学会珍惜比如何学会获取显得更加必要。请珍惜不断被物欲横流迷惑的人性吧，保持一颗淡泊之心，才能不被世俗所污，才能保持独立的自我。

人生百态，社会变迁，在如今这个充满竞争的年代，总会有各种事情不断给人以"乱花渐欲迷人眼"的感觉。只有学会"去留无意，宠辱不惊"，保持一颗淡泊之心，学会珍惜幸福，你才能如磐石般坚实，才能不被人生中的浊流所摧，从而体会到最贴心的幸福。

做好自己，
保持自我的特色才重要

俗话说，人比人，气死人。这是因为不同的人成长环境不同，所取得的成就和风光各不相同。自然，每个人的幸福也不一样。一个国王永远无法获得一个农夫收获的那种快乐，反之亦然。在生活中，我们不必羡慕别人的风光——在风光背后，自有每个人的苦衷；也不要因自己的平凡而苦恼，其实平凡人也有平凡人的乐趣。他人的生活未必如我们想象的那般风光，只须做好我们自己就好。其实，每个人都是独特的个体，只有正确地认识自己的价值，对自己的生活有客观的了解，才容易去实现自己的价值，才能让自己的生活有温暖祥和的阳光。

请看一则寓言：

　　有一头猪说，假如上帝能够让我再活一次，我下辈子一定要做一头牛。牛的工作虽然比我累点，但是在人们中间，它有一个好名声。人们总觉得它付出的多，索要的少，因此总能得到人们的垂爱。可是有一头牛听说了，对此却持有不同意见。它说，牛虽然让人尊重，但是太辛苦了。如果我能选择自己的生命，那我宁愿像一头猪那样，吃了睡，睡了吃，不出力不流汗，一辈子活得轻松惬意，简直如同一个活神仙。

　　有一只鹰在天空盘旋，它天天俯视山川湖泊，看上去英姿飒爽。可是，它也有自己的不满。它想，假如让我再活一次，一定要做一只鸡。那时候我再也不用早起晚睡，一天从早到晚在空中盘旋着寻找猎物。我可以安安静静、平平淡淡地睡在窝中，饿了主人会喂我，渴了自有人送水来。但此时却有一只鸡看着天空盘旋的雄鹰说，下辈子我一定要做一只像它这样的动物，自由地翱翔在天空之中，只要乐意就能够四海云游，还能爱吃什么就吃什么，而不是整天吃小米粒。

　　上面四种动物只是看到别人的快意和自由，却看不到自己的舒服与惬意。我们在生活中不也是这样吗？每个人总是不由自主地去羡慕别人所拥有的东西，羡慕别人的工作，羡慕朋友的新房，羡慕别人的车子。然而，我们总是自觉不自觉地忽视了一点，我们自己其实也是别人羡慕的对象。

不要总是去羡慕别人如何如何。好好算算上天给你的恩典，你会发现自己所拥有的绝对比缺乏的要多出许多。而即便是你感到有所缺失的那部分，虽不可爱，却也是你生命中可宝贵的一部分，接受它且善待它，你的人生自然会快乐豁达许多。别人开宝马、奔驰，看上去固然风光；可他们背后付出怎么样的辛勤和汗水，谁又曾看到？所以，我们不要羡慕别人怎么样，重要的是做好自己，让自己踏踏实实地过好当下的生活。

在非洲和南亚这样的热带地区，有一种动物叫做狞猫。这种动物最大的特点在于矫健灵活，擅长跳跃。据科学家观察，狞猫能偶一下子跳起好几英尺。基于这一习性，很多狞猫都喜欢躲藏在树上，等待小鸟飞过或者休息的时候，一跃而起捕捉到自己的食物。有个地方的狞猫比较机灵，总是爱把自己伪装成麝的模样隐藏在鸟类常常出没的地方。当地有种鸟主要靠吃麝身上的虱子为生，而狞猫恰好和麝长得有几分相似。这个地方的狞猫便利用这个特点，模仿麝低头吃草的样子，还故意将麝粪涂在自己的身上。在这样的伪装之下，不少鸟就因为贪嘴而被突然跃起的狞猫一举抓获。

狞猫这一举动看起来很聪明，但也遗患无穷。他们模仿麝，虽然有助于自己捕食鸟儿，却也招来了杀身之祸。由于此地麝比较多，很多民众就依靠捕麝为生，他们抓到麝取下麝香去卖钱。这么一来，因为狞猫的捕鸟行动，它们常常会被误认为是麝而遭到猎人的错误射杀。有不少狞猫就因此稀里糊涂断送了性命。

其实，不管是动物还是人，唯有保持自己的才是最重要的，否则失去的往往会更多。这样的例子自古有之，可以说是不胜枚举，比如东施效颦和邯郸学步。他们都是眼见别人的优雅和漂亮，就放弃了本真，不愿做真实的自己而一味地模仿别人，结果不仅自己没有变得更出色，反而因为这种憨痴的行为贻笑天下。

做好自己，首先要做到不在世俗之中迷失自我。生活中，有许多人本来有着自身的优点，然而为了迎合他人，他们不仅没有放大自己的优点，而是惯于随波逐流，甚至努力使自己适应一个并不喜欢的潮流。这样做的结果，常常是失去了自己。有些人为了追求时尚的生活，不仅需要付出大量的金钱为基础，有时甚至还需付出其他的代价。不是有人因为要做一次美容，反而毁容了吗？保持朴素的生活，留住那份属于自己的真实，或许不会风光无限，但却幸福而真诚，这样的人往往更令人欣赏和敬佩。总是羡慕别人的光彩、追随别人的风光，结果只会活得更累、更不成功，因为你永远活在别人的阴影里。就像一个作家，如果耐不住寂寞，总是紧步别人的后尘，那就不会有精品佳作的问世，而只会生产出各种三流四流产品。如果有一个教授，抵不住浮躁，不能够板凳一坐十年冷，那么他就不可能有好的研究成果的笼。快乐和成功，往往源自做最好的自己，而不是做别人的尾巴和影子。

其次，做好自己，就不能在欲望面前毁灭自我。在我们的生活中，常常会存在各种各样的诱惑。一个人能不能抵抗得住这花花世界中的诱惑，就决定了一个人在欲望面前会不会失去自己，从而无法掌握自己的本性。当代社会是一个花花世界，到处充满了诱惑，许许多多的欲望就犹如病毒一样隐藏在我们的身体和头脑中，一旦不及时将其剔除，我们就很容易被物欲缠上，并一不小心就被击倒在沼泽之中，最后只能身陷其中无法自拔。

大家可以想想，在这个世界上有多少人因为根基不稳固，在事业有成、功成名就的人生巅峰，因为经不起诱惑，罔顾道德和社会舆论、法纪规章的约束，铤而走险追求欲望，结果不但毁灭了自己的前途，也毁灭了家人的幸福。古人云："贪者如火，不遏则自焚；欲者如水，不遏则自溺。"这句话的意思是说，贪婪犹如大火，如果不制止就会烧死自己；欲望就如同是水，如果我们不将其阻住，就会溺水而亡。只有远离欲望，才能享有最踏实的幸福。

羡慕别人其实没有错，那是因为我们期待完美，期望可以活得更快乐。可是，我们不能眼睛总盯着别处却忽视这样的现状：每个人的处境都不同，别人永远无法模仿。所以，我们真的不必总去羡慕别人。以别人作为某种目标是可以的，但是守住自己所拥有的，想清楚自己真正想要的，或许更加重要。只有充分发展了自己，我们才会真正地快乐！

不问得失，
懂得在恰当的时候进退

　　有所得到必然有所失去，有所失去必然有所收获。所谓"上帝给你关上一扇门，也必定会给你打开一扇窗"说的就是这个意思。得失是人生常态，我们的选择不同，也就各自在得失之中沦陷、坠入，或发现、升华。

　　相信很多人都曾经在得失之间迷惘、徘徊，很多时候，我们都只愿意得到而不愿失去。其实，得与失是一对"矛盾"，矛盾具有两个方面，互为消长，而这正是普遍存在于我们生活各个方面的现实。

　　无论什么人，无论做什么，无论在什么样的职位上，一个人都很难看破得失的真谛。当我们得到自己想要的，我们会欣喜不已；当我们失去自己所珍惜的，我们会痛苦万分。即便自己屡次告诫自己，但我们总是在不经意间陷入得失的情绪旋涡，不知不觉就已经徘徊在得失之间。这实在是人之常情。

问题是，在日常工作和生活中，我们能否看淡得失，不让自己在得失间徘徊呢？想想看，我们是否会因为错失一次升迁机会而耿耿于怀，久久不能平静，又因此错失更多的幸福和快乐？是否会因有过一次失误，而一直走不出自我惭愧的心理阴影，以至于无法正视未来而耽搁了自己的发展？

看淡得失不仅仅是工作问题，而且是人们解除压力的一个妙方。没有什么完美的获得，也没有什么完全的失去。细细想来，每个人都会在得到某些东西的时候，同时也失去一些什么；在失去一些东西的时候，你其实也会获得一些什么。

然而在工作中，很多人为了实现自我提升的目的，故意与同事钩心斗角，即使后来如愿以偿，也会突然发现同事间的友谊已经枯萎凋谢。这真的那么值得吗？巨大的工作压力使自己不得不每天拼命地工作，虽然工作看起来颇有起色，但十年之后你会惊讶地发现，为了所谓更充实的物质生活，我们已经不得不以自己的身体做了本钱。幸福就是这个模样吗？

人生浮沉，本就是一个得失交错的过程，无论做什么事情，都难免有得失相伴。然而需要谨记：一个人得到的越多，那么此人失去的自然也越多。所以，我们不应该太在意自己失去了什么，而要注意自己得到了什么，况且生命中的一些东西注定是要消失的。

人得与失，常常发生在一闪念。"舍得"是一种人生智慧。害怕失去的人，可能永远也得不到什么，唯有舍得下才能得到，因为失去会让我们有所认知和突破，会让自己渐渐长大，会让我们懂得珍惜。

之所以有得失心，往往是因为不能承受失去的压力。因此，我们应当学会用微笑面对工作。在人际交往中，微笑表示礼貌、亲切、友善、关怀。一个发自内心的微笑往往可以代表一个人所有的瞬间好感，而我们面对别人的微笑时，也很难不笑颜相对。

遇到压力的时候，我们不妨先给自己一个微笑，或找个理由让自己开怀大笑。一个人如果能养成微笑的习惯，那么也就会形成良好的心态和善意的思考习惯，就会觉得压力也不过如此，而得失心自然会更加平衡。

杜丽是2004年奥运会10米气步枪冠军（首金）和2008年奥

运会 50 米步枪 3×20 冠军。但是，在北京奥运会上，本来负有为中国争夺首金使命的杜丽，却因压力过大而仅仅获得第五名。首金失利后，杜丽从 8 月 9 日到 14 日一直将自己关在屋中。此时此刻，对杜丽来说，4 天时间比 4 年还要漫长。这 4 天时间，她只是和队友一起打了几次扑克，其他的一概不提。

为了帮她缓解压力，教练王跃舫使出了一个独家秘诀。事后，教练对外透露，他只不过让杜丽带上一面小镜子，让她自己没事儿就照照看，看自己苦着脸有多么难看。没想到，这面小镜子果真让杜丽放松下来，她的脸上也终于有了一丝微笑。

放松下来的杜丽，在比赛中果然正常发挥，在资格赛后拿到了第一名。教练王跃舫没把准确成绩告诉她，只是跟她说："你已经是资格赛第一了，好好打就没问题。"最终，杜丽冲金成功。一面小小的镜子让微笑减压的效果发挥到极致。

在工作中让自己保持微笑，确实是一剂化解压力的良药。微笑可以缩短人与人之间的距离，使周边人际关系更融洽，不但让事业顺利，也有助于生活愉快。然而，随着社会竞争日益增强，人们的工作压力越来越大，久而久之，很多人都将微笑遗忘了，大家的脸上只留下一个僵硬的表情。有专家指出，有些人虽然物质生活极大地丰富了，但人们的幸福指数比以往却大大降低了，感到痛苦的人越来越多，懂得微笑的人越来越少。

生活中，我们有八个小时工作，八个小时休息，八个小时用于其他，而事实上不少人的很多时间不是在工作中度过，就是与工作相关，真正属于私人的时间很少。这样一来，工作是否快乐就在很大程度上决定了一个人能否心情愉快。那么我们应该如何看待自己正在从事的工作呢？有些人仅仅把它当做一种谋生的手段，只要工资待遇好，只要能拿到更多的钱，即使自己不喜欢也会毫不犹豫去干。也有人把工作看做是实现自我的手段，为了不断地获得提升，为了使工资持续增加，就愿意牺牲一切来做好工作。

我们还可以从工作中得到什么吗？难道仅仅是上面这些吗？难道仅仅是金钱和地位吗？

其实，工作的目的也无非是让我们过得更好，也就是追求快乐。为什么不带着快乐心情从事每天的工作？工作难道不应该是一件让我们感到满足和快乐的事吗？如果你总是觉得自己的工作枯燥无聊，那么不要再埋怨工作，而应该考虑变一变自己的工作观了。

其实，微笑是最好的减压方法。不妨让脸上多点微笑，因为笑本身就是一种良好的健身运动，可谓一种最有效的消化剂，它不但能增强人体的免疫力，还可以提高机体的抗病能力。正如苏联伟大的作家高尔基所说："只有爱笑的人，生活才能过得更美好。"

当你开始微笑时候，这一行为会让你心理上更轻松自如。微笑是一种真情的释放，可以使人们的周身神经官能处于更加平和美好的状态。微笑是人的思想情感的平静流淌，好像一汪清清的溪水，顺势而来，顺势而去，无梗阻之困，无堵塞之忧，自由来往。人如果能达到这样的状态，心理上自然是轻松自如。

所以说，微笑可以帮人解压，并使人心旷神怡。微笑是一种神奇的东西，也是一种最日常的东西。我们应该学会微笑，学会快乐地拥抱生活。中医理论认为，微笑具有良好的养心功效，因为人在微笑的时候，可以帮助心灵享受美好的感应，而它本身也是精神获取愉悦的表现。当我们感到忧愁、烦恼、焦躁、郁闷时，就应选择一种新的思维方式，以便拓宽胸怀。那么为何不从最容易的地方起步呢？让微笑占据生活的主导，让快乐充满你的生活。

工作中，一个懂得微笑的人，很容易自己走出压力。因为，微笑是化解职场压力的一个非常有效的武器。当一般人被工作搞得焦头烂额、精疲力竭时，如果能够微笑一下，这可以最快最有效地影响我们的神经功能，改变我们的心态，让内心的焦虑得到排解。学会微笑，让微笑成为自己工作中缓解压力的"助力"吧，你会越来越轻松的。

微笑可以帮助我们坦然面对得失，但这主要是从个人出发。如果站在人际交往的角度来说，我们就要讲究有进有退，即便"让他一步又何妨"。最关键的是，要让自己开心。

如果你不懂得进退之道，那就会不知在什么地方该进，什么地方该退，从而给自己平添一份压力。如果自己知道进退之道，不仅会让自身的压力有所减少，而且还因此容易获得一份比较和谐的人际关系，由此也能获得好的工作业绩。

从《丑女无敌》的故事中，我们或许可以对进退之道有一个更实在的认识。想摆脱职场压力，进退之道非常重要。不说其他的大道理，能够知所进退，该积极时候积极，该退后时候退后，起码也能使我们从那些无聊且复杂的人际网络中解脱出来。一旦你可以避免陷入复杂的人际危机，你就可以把专注、踏实、勤奋、忠诚、热心作为自己"进"的方向，不仅可忽略那些无足轻重的琐碎之事，而且还能够提高自己的工作效率，从而创造更多的业绩。

可惜，在我们这个到处充满竞争的社会，又有多少人愿意看重退让呢？在不少人眼中，"退让"就是怯懦、胆小的代名词。如果在工作中作出退让，仿佛就会失去了自尊，甚至会有人因此觉得自己很无能。事实上，退让并不是投降，而是以退为进，给自己争取和平的发展环境。如果我们的心态不改变，凡事总要争三分，事事争先恐后，那么不仅最后赢的那个人不是自己，恐怕连自己的工作都不一定能顺利完成，因为你会成为众矢之的。

一个懂得退的人必定是宽容的，不计较个人的恩怨得失，宽容别人所犯的错误。一个懂得进退的人，必定会工作轻松、业绩突出，能以公司大局为重，而且能够恰当地处理同事间的关系。

第七章

懂知足
——能自得时还自乐，到无心处便无忧

　　生活如同泛水之舟，欲望太多，便有倾覆的危险。少一些欲望，多一些知足，便多一分珍惜，而你的生命之舟会走得更加轻盈、更加顺畅。一个人唯有懂得"自得"才能够"自乐"，懂得"无心"的妙处才能够享受"无忧"的妙境。只要你拥有一种积极健康、快乐达观的心态，对生活足够感恩，对幸福足够满足，你的心灵就能够保持生命力，成为一个能吸引你所渴望事物的磁场，而你的目标、理想就一定能够实现，你的命运也将因之改变。

感受温暖，幸福很多时候就在身边

　　有的人，一生都在追求幸福，甚至享受着别人眼中的幸福，却总是觉得幸福遥不可及，这是因为他们总把幸福的标准定得太高。适当调整幸福的标准，或者增加参照的维度，丰富对幸福的认知视角，你就会发现，幸福其实就握在自己手里。其实，生活中任何一件小事都需要细细去品味，你才能发现它们都与幸福紧紧相连。归根结底，幸福源于每个人内心的自我感受，而这种感受与你的观察视角密不可分。

　　有一位哲学家不小心掉进了河里。在被救上岸后，他说的第一句话是：能够自由地呼吸空气是一件多么幸福的事情。如果是你，会不会上来就说，"哎呀，真倒霉，我运气太坏了"呢？

　　自然界的空气，虽然无处不在，但是由于我们看不到摸不着，常被人为忽视。然而，一旦失去的时候，我们就会立即发现它的重要性，请珍惜它吧！上面提到的那位不慎落河的哲学家虽然这样不小心，但是他后来活了整整 100 岁。临终前，他和身边的亲人重复了那句话："呼吸是人生中最幸福的事情。"

虽然托尔斯泰说"幸福的家庭都是一样的"，但事实上，每个人的幸福都不一样。对有些人来说，丰衣足食、有房有车就是幸福；有人则认为，功成名就才是幸福；还有人认为，只要两情相悦，能够与心爱的人厮守一生就是幸福。正所谓，每个人眼中的月亮也会不一样。其实，幸福是否在你的面前，不是由"幸福"来决定，而是要看你自己的感受。只要一个人内心愉悦，他就是幸福的人。

有个人一直在苦苦地寻找幸福。据说，他一直不知道幸福的模样。起初，他抱怨自己的工作不好，羡慕在城里工作的人。等到工作调整了，他又羡慕那些在核心部门工作的人，认为他们福利好、前途光明。工作岗位调整之后，他又抱怨自己命运不好，羡慕那些担任高级职务的人，认为这样才能够充分发挥才干。有朝一日，他终于当上领导了，可还是忍不住整日里怨天尤人，感到特别不开心。对他来说，幸福永远在未来，永远不会在自己身上出现。

生活中难免有贪心不足的人，我们相信这样的人永远不会知道幸福的真正模样。现实生活中，许多人工作顺利，家庭生活和谐，社会关系健康，这些天伦之乐、生活之美都是他可以牢牢把握住，并且已经安心享受的幸福。按理说，他们应该生活得很好，可他们却总是一直生活在羡慕别人之中，他们渴慕别人的幸福，却感受不到自己的幸福。什么别人家的房子更大，别人家的车子更豪华，别人的妻子更漂亮，别人的孩子学习成绩更好，别人的朋友更有钱等等。其实，幸福就在我们身边，只是我们总是对之视而不见，有的人甚至将之拒之门外，这就叫做"身在福中不知福"。

有一个不幸的青年身患侏儒病，所以身材矮小。由于这样的病情，他的工作也不是很顺利。此外，他从小父母双亡，身世很是凄惨。在一般人的眼里，他可谓最不幸的人。然而他没有为此暗自神伤，而是非常坚强和乐观。他对自己的未来充满渴望，对人生充满向往，因此以坚强的意志和顽强的毅力学会了电脑打字，并逐渐接触新闻和文学，最终独立创业并过上了幸福的家庭生活，一举实现了自己的人生价值。

这个青年用自己的实际行动向我们展示了幸福的不同的可能性。即便一个人无法享有别人的幸福，但是他也依然能够感受到自己的幸福，而在追求幸福的过程中，他可能会享有这样一种状态：无时无刻不沉浸在追求幸福和为幸福奋斗的旅程之中。这种状态，是一般人都无法领会的幸福之美。这个残疾青年之所以能够做到这一点，是因为他不像其他人那样有太多奢望，他只不过简单地认为，只要靠勤劳让生活满足就是幸福。

如果人们能够保持平常心，积极进取，安享幸福，而不是总吃着碗里看着锅里的，放弃自己的眼前幸福贪慕别人的幸福，那又怎能找不到幸福呢？

生病的人，会觉得身体健康就是幸福；口渴的人，会觉得一杯水就是幸福；饥饿的人，会觉得一碗米饭就是幸福；夜行人会觉得一盏小油灯就是幸福；寒冷的人，会觉得一丝暖气就是幸福；在暑热中劳作的人，觉得一点凉风就是幸福……这些人之所以能感受到幸福，不是因为他们的目标简单，而是因为他们懂得生活就是真正的幸福，所以他们懂得生活中点点滴滴的美。人们常说平安是福，相对于那些遭遇天灾人祸的人而言，平安是一种最大的幸福。下班后平平安安地回到家中，妻子端来热腾腾的饭菜，孩子们依偎在身边，和父母一起泡上一杯清香可口的热茶。这就是人能够享有的最平安、和谐、美满的小日子，难道还有什么比这更加幸福吗？

"只要人人献出一份爱，世界就会变成美好的人间"。一个人只要有爱心，就能感受幸福，爱心越多，幸福也就越多。当别人心情郁闷的时候，这样的人能够让人如沐春风，感到安慰；当别人身处危难的时候，这样的人能够以举手之劳解决别人的难题，犹如一盏明灯出现在黑暗的房间之中。所谓爱心，无非是老吾老以及人之老，幼吾幼以及人之幼，孟子在两千年前说过的这两句话看起来简单，做起来也并不是特别困难，一旦做了就能感受到幸福的滋味。幸福其实就在我们的身边，在父母、朋友、儿女、同事甚至陌生人的身上都潜藏着幸福的可能，我们应该牢牢地把握。

不要等到幸福离我们日渐远去，再徒然感慨追悔莫及吧。珍惜幸福就是珍惜自己，就是珍惜自己的人生。幸福需要握在手心，才会觉得安心、踏实，但首要的条件是，你要张开自己的手掌，让幸福落在上面。一个攥紧拳头的人，永远无法握住幸福。

一个人如果能够常常感觉到幸福，那主要在于懂得珍惜。每个人的生活都充满了艰辛困苦，没有人是一帆风顺。所以，要学会珍惜艰难中的如意和顺心，只有如此，才能渡过苦难的河流，通向幸福的彼岸。

既然我们来到这个世界上，就要学会珍爱幸福，而珍爱幸福，在某种意义上就是珍惜自己的生命。法国哲学家萨特曾经说过，人类之所以活着，就是要证明自己存在的价值，否则就等于死亡。"身体是革命的本钱"，一个爱惜身体的人，才最懂得生活。工作是为生活提供支持，包括物质方面，更包括精神方面，要珍惜每一天，干好每一件事。家庭是幸福的港湾，要珍惜父母、配偶、孩子的感情，尽好自己在家庭中应当承担的义务。朋友难得、知己难求，"好汉三个帮"，"在家靠父母，出门靠朋友"，要珍惜友谊，和好朋友多交流，互相提供幸福的感觉。当一个人懂得了珍惜，就懂得了幸福的真谛，这时候生命才有意义。

学会珍惜，生活才会幸福，已有的幸福也会成倍地增加。珍惜生活中的点点滴滴，掌握住手边的美好生活，让我们从日常生活中发现无穷无尽的幸福吧。幸福在于珍惜自己，也在于珍惜他人，更在于彼此的互动。渴望幸福，就不要对幸福视而不见。

幸福隐藏在生活的各个角落，只要懂得珍惜手心中的温暖，我们自然可以随时随地享受幸福的感觉。一杯清茶，并不比咖啡逊色，别有其清香味道；挽着爱人散步并不比坐"宝马"兜风缺乏情趣，自有清风拂面；喝着稀饭全家团聚并不比伴着情人坐在音乐厅逊色，其中的温馨与安逸不足为外人道也。幸福，只有落实在点点滴滴的生活小事上，才让人觉得来得真切、来得开怀、来得温暖。幸福就是这实实在在可以握在手里的温暖，幸福也正是通过这样的小事一步步走进我们的生命之中。让我们善待生活，从学会珍惜小小的幸福开始。

简单生活，简单是人生幸福的源头

　　人生不一定要轰轰烈烈才是幸福。对大多数人，尤其是活在日常生活中的我们而言，你只有学会简单生活，享受生活中简简单单的幸福才是生命的真谛。简单地生活并不是要你放弃所有的一切，也不是让你放弃激情和上进，而是要你从实际出发考虑问题。简单生活并不意味着自甘贫贱，你即便开一部昂贵的车子，住着豪宅大院，但仍然可以使生活简单化。简单的生活是让你的身心得到全面解放，不被生活中的各种链条束缚，可以自由自在地呼吸，自由自在地与人交流。这是幸福快乐的源头，可以为你的生活省去很多烦恼。

　　阿尔迪超市是德国最大的超市，也是全世界公认的零售业航母。沃尔玛公司是我们比较熟悉的超市，它们的年销售额大约可以达到两万亿元人民币，几乎是阿尔迪的六倍。不过，阿尔迪的销售业绩在某种意义上并不比沃尔玛差。这家超市每年销售的单件商品总价值超过四亿元人民币，几乎是沃尔玛公司的三十倍。这种销售上的优势与阿尔迪超市的顾客群体密切相关，也与它们管理层设计的销售渠道有关系。

阿尔迪超市的所有者是德国的阿尔布莱希特兄弟，他们如今已经八十多岁。阿尔迪超市的销售策略不过两个字：简单。看上去简直稀松平常，然而许多企业却无法模仿。之所以做不到，是因为他们的策略实在是太简单。

阿尔迪超市从来不做广告，从平面到立体，从传统媒体到新媒体，任何形式的广告都与他们无缘。超市的所有的商场从不在各种大小媒体上做任何促销或营销广告。如果非要说有什么广告的话，那就只有每周一期的八开版面《阿尔迪信息报》。超市会把这个小报放在门口供顾客浏览，内容是对下周的新上柜货品进行一番介绍，顾客就可以按照货物单子选择喜欢的商品。

阿尔迪超市的商品可谓有些单调。整个超市只有六七百种商品，所有货品一律装在纸箱子里，价目表都悬在头顶。货物的品种也相对比较单调，它提供的手纸只有两种牌子，腌菜甚至只有一种。不过，他们对每种商品都严格挑选供应商，保证每种商都是当地商家能够提供的同类商品中最好的品牌。

超市里的每一种商品都采用同一种包装规格。

超市里的商品特别方便外带，能够让顾客迅速带出店铺，甚至直接带到野餐营地。

超市雇佣的员工人数相当少。几乎每一家阿尔迪超市的雇员都少于十名，不过这些雇员的效率都非常高，他们每个人都身兼数职。由于雇员可以处理的业务是如此多又如此快，以至于超市里不设条形码扫描仪和读卡机等现代化设备，而是坚持使用收款机，且只收现金。此外，超市不提供专门的装袋服务，但是没有人对此抱怨，因为所有店员都能对商品价格倒背如流。况且，在经过培训之后，服务员的心算和录入速度非常之快，所以交易速度也比普通超市要快很多。

阿尔迪最让顾客感到开心的事情是，他们从来不收尾数钱。所有商品的价格尾数都是零或五。该超市的管理人员经过反复测试发现，如果营业员收尾数钱和找零钱的话，销售时间就会延长，而这短短的时间会影响到销售绩效。如果将顾客和收银员找零钱的时间去掉，不但可以减少营业员数量，还可以提升销售效率。于是阿尔迪决定，凡是价格尾数是五至九的商品，按五收款；如果一件商品的价格尾数在零至四之间，那么就一律不收尾数款。这样做的结果就是，店员提高了工作效率，又在一定程度上形成了降价促销的"广告效应"，吸引了更多的顾客。

阿尔布莱希特兄弟在总结他们成功秘诀时说："唯一的秘诀就是，我们只放一只羊。"他们用简单战胜了复杂，也就赢得了商场上的胜利。无数事实证明，那些贪得无厌、想要占据更多的人，反而什么也得不到。这倒不是因为他们放羊的技术不行，而是因为他们被无尽的贪欲挤垮了。所以，不管你要追求的是什么，如果想要成功，那么在做之前，最好还是先衡量一下自己的能力，考察一下对手和整个环境的情况，看看自己到底适合放几只羊再行动。

作为世界闻名的阿尔迪超市，其经营策略几乎简单得让人惊叹。和别的知名商场、超市比起来，阿尔迪超市的确省略和简化了不少程序，也精减了很多人员，但是这家超市的营业额却一路飙升。

对比很多商家绞尽脑汁让购物变得复杂，这样一种"简单"，实在耐人寻味。

其实，快乐往往就在简单的生活中，难只难在你要有勇气去减少自己无意义的需求。珍惜自己的快乐生活，不妨就从现在开始，尽情享受身边的绿树、蓝天、白云，还有那一缕缕温暖的轻风。不要总是将自己埋葬在对别人的羡慕中，而要善于用眼睛去发现自己身边的美好，感受自己的幸福。

珍惜并享受生活中简简单单的幸福吧。如果我们能够把复杂的问题简单化，把深刻的问题浅显化，或者用最朴实的方式理解生活中看似艰深的道理，幸福就会悄悄地来到你的面前。在对生活认真的观察和体会中，在简单的生活和思维中学会珍惜、学会享受。

需要记住，幸福的方式有很多种，享受的方式也不一样。幸福可以切割，分成好几份；可是与此同时，幸福也可以折叠，合二为一。任何一种幸福都在那里，至于能不能寻找到，都在于我们自己的选择。真正的幸福简简单单、实实在在，也需要简单的人才懂得。

上帝给了每个人一杯水，让我们从里面品味生活。对有些人来说，生活简单得就像一杯无味道的白开水，他们只看到杯子的华丽与否，却看不到杯子里水的清澈透明。当然，你可以加糖，也可以加盐，如果你愿意，只要你能承受，那就是你的生活。但唯有清淡的白水最简单、最长久，对人的身体也最有益。

珍惜幸福，
攀比只可能让幸福贬值

　　学会珍惜幸福，首先要做的是，不要无意义地与人攀比。我
们其实都明白，攀比不会让你进步，也不会让你幸福，因为它只
会带给你麻烦，让你陷入错误的逻辑中，甚至让你损失一些本该
拥有和爱惜的东西。

　　在我们的身边，攀比这种现象十分常见。本来，每个人都会
有和别人攀比之心，这也不用自我批评，因为这是由人的本性所
决定的，并没有什么稀奇。问题在于，有些人以一颗平常心来看
待比较，他们在"攀比"时追求的是自身不断完善，是生活的稳
步提升；而另一些人之所以攀比，则是为了满足自己不断膨胀的
虚荣心，他们总是做一些毫无意义的攀比。这两种人，可以分别
称之为有上进心的人和爱慕虚荣的人。前者会不断地进步，在

"攀比"中不断地认识到自己的不足，"他山之石可以攻玉"，最终取得更大的发展，甚至成就一番伟业；而后者大多会被世人鄙夷，甚至走进人生的死胡同之中，再也出不来。

所以，向别人看齐，做一个有雄心的人并没有错误。但必须牢记，不要做无意义的攀比，不要把时间放在这种无助于生活无助于幸福的事情上。那只会令你误入歧途，当你深陷其中而不能自拔的时候，"攀比"的心态也会让你认识不到自己的错误，最终连回头的余地都很小。

从心理学上讲，攀比是虚荣心最主要的表现形式之一，而人类的虚荣心是自尊心的过分表现，是人类为了取得荣誉或者引起普遍注意而表现出来的一种不正常的社会情感。在虚荣心的驱使下，一个人往往因为追求面子上的好看，罔顾现实条件的限制，忽视外部环境的约束，一意孤行，最后往往伤害了别人，也毁灭了自己。

石崇是西晋时的大官僚和富豪，历史上向来以富有和奢侈而著称。他当时几乎富甲天下，曾与晋武帝的舅父王恺以奢靡互相攀比竞赛。听说王恺饭后用糖水洗锅，石崇便用蜡烛当柴烧；看到王恺制作 40 里长的紫绒布步障，石崇便做 50 里的锦缎步障；转天王恺用赤石脂涂墙壁，石崇就更加夸张地用香料和成泥刷墙。后来，晋武帝暗中出手帮助王恺，赐给这个亲戚一株珊瑚树，高度大约有二尺，枝柯扶疏，世所罕见。王恺拿着这株御赐的珊瑚树向石崇炫耀，本来想着必然胜出，不料石崇当场用铁如意将其击碎，然后取出自己家里所藏的六、七株珊瑚树。这些珊瑚树每枝都高达三四尺，看上去光彩耀目，得意洋洋地让王恺随意挑选。

大家都知道，豆粥是比较难煮熟的，需要长时间熬煮。可是，石崇想让客人喝豆粥时，一声令下，须臾间就能端上来。每到寒冷的冬季，在别处想喝豆粥要等很久，在石家不但能很快喝到，甚至还能吃到绿莹莹的韭菜粥，这在没有暖房的当时称得上是一件奇事。石崇也为此常常感到自豪不已。

当时由于天下大乱，马匹稀少，贵族富豪都习惯乘坐牛车。从形体、力气上看，石家的牛似乎不如王恺家的，可每次两人一同出游抢着进洛阳城时，石崇的牛总是疾行若飞，能够超过王恺的牛车。

以上这三件事让王恺恨恨不已，于是他用金钱贿赂石崇的下人，打探个中的原因。那个下人回答说："豆粥确实非常难煮，我们先预备加工过的熟豆粉末，客人一到，就先煮好白粥，这很容易。等到想要吃豆粥了，再将豆末投放进去，于是就成豆粥了。能吃到韭菜是因为我们将韭菜根捣碎后掺在麦苗里。牛车之所以总是跑得快，主要是因为驾牛者的技术好，他们不是控制牛的速度，而是对牛不加控制，让它撒开欢儿跑就是了。"得知这些情况后，王恺就仿效着做，遂与石崇形成势均力敌的状态。

石崇之富，和皇室贵胄相比不但一点不差，甚至还要胜出一筹。这在古代"家天下"的状况下，自然是很危险的事。然而，他不但不知道藏锋露拙，反而愈发恣意妄为，最终家破人亡，落得个被乱兵杀死的下场。由此可见，互相攀比、爱慕虚荣的危害十分巨大，如果不加以控制，往往可以令人陷入万劫不复之地。

老姜曾是个工作能力强、上下欣赏的政府官员，屡次因政绩突出受到提拔。但在最近这几年，他的心态却有些变化。当他知道过去的同事、同学发展得不错，生活条件都比他好时，他虽然工作也还可以，但心里总不是滋味。没事儿的时候自己想想，能力不比他们差，职位还比他们高一些，可钱却比他们挣得少，生活水准却不如对方。此外，老姜认为自己是一个政府官员，担子重，责任大，工作辛苦，生活上反而不如这些同学、朋友，心里就时时如同窝了一团火一样，感到很不平衡。因此，他的心态开始发生变化，利用职务之便大肆收受贿赂，最终难免一朝事发，锒铛入狱。

由于贪念滋生，老姜在不平衡心态、攀比心理的驱动之下终于放弃了以往的操守，欲望的洪水顿时倾泻而下，一发不可收，正是攀比的心理，最终使他走上了一条自我毁灭的道路。

老姜本来有一条相当不错的人生之路，可是他却不懂得珍惜。当他一味盲目地攀比，不知道珍惜身边的幸福时，他的眼中只有别人的生活而没有了自己的生活。这导致他最终不但什么都没有得到，还失去了自己和家人原来拥有的一切。这个故事告诉我们：做人，如果想要幸福，首先要懂得珍惜自己拥有的，而不是盲目地去羡慕别人。好胜心可以帮助你进步，但无意义的攀比只会助长你心中的欲望，终将引你走上一条不归路。当你走到路的尽头，才会发现，这是一条断头路。

学会珍惜自己的生活，就能懂得领略幸福的含义。懂得珍惜的人不会跟别人做无意义的攀比，能够保持一颗中正的心，把心态放平。这样一来，在人生的道路上，一个人就能够总是向前行进，即便速度快一些，也是惯性向前；而无意义的攀比则只会导致一个人偏离正确的方向，即或偶尔看起来比别人要快一些，但那却将你引向悬崖的边缘。

懂满足的人才理解幸福

月满则亏，

　　"罪莫大于可欲，祸莫大于不知足，咎莫大于欲得。故知足之足，常足。"这句话出自《老子·俭欲第四十六章》，意思是说：在所有罪恶中，没有大过放纵欲望的；在所有祸患中，没有大过不知满足的；在所有过失中，没有大过贪得无厌的。所以，唯有知道满足的人，才是快乐的人。

　　古语有云，"月满则亏，水盈则溢。"只有懂得满足的人，才能够理解幸福，才能够在生活中获得幸福，并珍惜那份幸福。

　　著名台湾作家刘墉曾在一篇文章里这样描述幸福："旅客车厢内拥挤不堪，无立足之地的人想：我要有一块立足的地方就好了；有立足之地的人想：我要是能有一个边座就好了……直到有了卧铺的人还会想：这卧铺要是一个单独包厢就好了。"

有些人对生活的态度，恐怕也大多如同车厢内的乘客，他们总是在羡慕别人的生活。人们的生活本来就千姿百态，各有不同。"上天真是不公平啊"，有的人或许会这么说。但那其实是你没有看到自己生活中闪亮的地方，没有看到自己生活中美好的地方，所以没有足够地珍惜它们。对一个只买到站票的人来说，有坐票已经很幸福了，可是后者却还贪婪地希望有一张卧铺票。无论如何，火车的终点都是一样的，可以带我们走向目的地。

有一个女孩，她总说自己是一个固执的人。在我们现在这个社会，网络通讯工具异常发达，很多人都改用电子邮件、电话、短信、微博来和朋友保持交流，但她坚持用笔在平整而富有质感的纸上写信。她之所以这么做，只是为了让朋友可以从字里行间感受到自己通过笔传来的友谊的温度。

当女孩还是一个高中生的时候，班上有个女生非常抢眼。那个女生长袖善舞，交际很广，在不同的人际圈子里都结识了很多不同的人。那时，班上的同学谈起她总是会颇为艳羡地说："呀，不知有什么人是她不认识的！"话语之间，大家充满了羡慕之情，女孩自然也是其中一个。

在那段单纯的学生岁月里，同学们几乎达成一种共识，一个人如果能够结识很多朋友，总是件很得意的事。

女孩的朋友不多，而且大都是从初中就走到一起的，所以感情一直很好。女孩也一度为自己有这样的友谊而感到骄傲。可是，青春期的女孩总是希望能结识到更多的朋友。所以，她希望能和那个女生一样，认识不同类型的人，认识各种圈子的人。虽然那些所谓"朋友"中的有些人抽烟、喝酒、打架，是让老师头疼的"另类"，可对一直在单纯的好学生堆里生活的女孩来说，那些所谓的另类同学，竟然是如此有魅力，他们吸引着她，而她甚至也有过尝试一下他们生活方式的念头。

直到有一天，女孩过生日了。那个女生送给她一张卡片，是亲手做的。上面淡淡地写着几个字："我很羡慕你。你的朋友虽少，但是情同手足；我的朋友虽多，却是形如陌路。"

女孩呆住了，久久之后，才觉得自己眼前模糊一片。

从那以后，女孩改变了对幸福的认知。她觉得自己重新懂得了满足的感觉。她不再刻意地去争取什么，不再羡慕广阔的交际圈，只是尽量做好每件事，尽量使自己身边的人快乐，尽量不去计较太多，尽量学会珍惜已有的一切。

学会满足，才会懂得珍惜。一个人学会了满足，就不会去追寻那些遥不可及的东西，才不会贪恋那些别人拥有的东西，才会把心思放在身边，放在珍惜自己的生活上。当一个人学会了珍惜自己熟悉的东西、自己拥有的东西，这些能使我们感到满足的东西才会释放出最大的幸福。

人生在世，不过百年。一个人能够得到的东西能有几何，得不到的东西却数不胜数。不要一直张望那些你没得到的东西，如果这样，你的人生一定是灰暗的。放下那些不切实际的想法，放下没来由的羡慕，尽情地享受现在所拥有的一切吧。满足的人能够明白，身边人带给你的快乐才是真理。

民国时期的弘一法师淡泊处世，随缘生活。他有一条毛巾用了 18 年，破破烂烂的；一件衣服穿了几年了还舍不得换，缝补再缝补。有人劝他说："法师，该换件新的了。"他却总是说："还可以穿的，还可以穿的。"

出外远途旅行，他总是住在小旅馆里，不嫌弃那些地方脏乱、窄小、臭虫又多。有人看不下去，建议法师："换一间吧，臭虫那么多。"他说："没有关系，只有几只而已。"

法师平常吃饭很简单，即便佐菜的只有一碟萝卜干，他也吃得很高兴。有人不忍心地说："法师，这也太咸了吧。"弘一大师淡然地对那个人说："咸有咸的味道。"

没错，酸甜苦辣各有味道，知足才能常乐。学会了满足，就能更好地体会生活中的千般姿态，就更容易体察到日常生活里的万种风味，就会看到茫茫人海中总被忽略的美好。这样一来，我们才不会被贪欲占据了心房，才不会被贪欲遮掩了视线，也自然就会成为一个幸福的人。

第八章

当坚韧
——千磨万击还坚劲，任尔东西南北风

人们常说，一个有韧性的人能够抵挡一切风雨，能够屡败屡战。那么什么是坚韧呢？是千磨万击始终坚持吗？是任尔东西南北风，我自岿然不动摇吗？在机会来临的时候，我们应当坚持进取，一直达到幸福的跟前。但是如果我们发现此路不通，那么不妨学会调整，学会转弯，换一条道路，亦能通向美丽的未来。

机会总留给有准备的人

待时而动，

军人常说"养兵千日，用兵一时"，强调打仗功夫重在平日积蓄，到关键时刻一定要发挥作用。乍看起来，这不过是强调积累，但这也是珍惜机会的侧面体现。不管是做什么事情，只有平时做好了积蓄，等到重大机会一朝突然到来时，人们才不会感到手忙脚乱，机会总是留给准备的人。因此，《易经》才精辟地指出："君子藏器于身，待时而动。"

"行成于思，业精于勤；厚积薄发，学无止境"。不管是什么样的发展机遇，总是需要预先做一些准备工作。机会可能在一瞬间降临，但是抓住机会的能力却需要持久培养，假设没有"金刚钻"，你拿什么来"揽瓷器活"？就算这单"生意"给了你，你是否敢于接手呢？

　　吕宁思在《凤凰卫视新闻总监手记》中写道，他之所以能够取得今日的成就主要是靠着过硬的外语实力，但是自己并没有读过外语系，只参加过多种语言学习班。为了不断提升自己，他始终对外国语言有一种乡下人似的好奇和热心，靠着"笨鸟先飞"和"家财万贯不如薄技在身"的激励，同时坚信"磨刀不误砍柴工"，他不断提升各种语言技能。

　　正是因为有了这样的前期积累，吕宁思才有了后来的辉煌。我们发现，吕宁思人生中的每一步都在学习，都在积累：他曾坚持戴着耳机收听各种电台节目，不管那是法语、日语还是德语；他曾在各种语法课堂间穿梭。回顾以往的求学经历，吕宁思说："除了天赋外，把握每个稍纵即逝的机遇尤其重要。"他所说的机遇，与其说是人生转折的关键路口，不如说是等待转向之前"加油"的过程。

　　如今，吕宁思仍然保持着每天听读外语媒体报道的习惯。他要听半小时英国BBC，听半小时俄语节目"莫斯科之声"，还要读三份英文报纸——《金融时报》、《国际先驱论坛报》和《华尔街日报》，这三份报纸分别在伦敦、巴黎和纽约这三个当今世界最重要的西方城市出版。此外，他还每天不定期浏览《纽约时报》、《华盛顿邮报》、《共青团真理报》和《消息报》等国际主流媒体的网站。

吕宁思是幸运的，他遇到了种种发展机遇。可是，我们必须说，这种幸运完全是他自己创造的，正是不断的积累通向了成功。

当然，"君子藏器于身，待时而动"所传达的含义还不止于此。假如一个人身怀利器，却总是不得时机，那么就只能等待。唯有等到合适的时候，再毅然出手去成就一番事业。就是说，如果合适的机会没有降临，那么就不要贸然出手，以免前功尽弃。

《动物世界》中介绍过南美洲的蟒蛇、猎豹和狼，这三种动物都是非常善于珍惜机会、擅长等待的动物。

蟒蛇是一种身躯庞大的动物，尽管看上去很吓人，但实际上它的行动速度并不是很快。它之所以成为动物界的恐怖巨星，主要的利器就是等待。这等待的时间可能是一天，也可能是两天，甚至可能是一个星期。但无论这个时间有多长，它们从来没有为此焦躁过，因为它知道，总会有机会到来。只要能够耐心等待，总会有动物经过这条蟒蛇潜伏的地方。机会到来的时候，它就一跃而起，一口把动物咬住。

猎豹以速度见长，但是它并不全靠速度来猎食，它很懂得等待。猎豹总是藏匿在草丛里，等羚羊靠近的时候才一跃而起，迅速追上羚羊，将自己速度的优势最大程度地发挥出来。这是因为，猎豹尽管是世界上跑得最快的动物，据科学家测试，它们的时速几乎能达到 100 公里，但是它最多只能跑 10 分钟。如果一只猎豹在 10 分钟之内不能追上羚羊，它就只能放弃了，所以猎豹不得不埋伏在草丛中等待最佳机会。

至于狼的忍耐性，则是众所周知的特点。研究草原狼的动物学家威尔金斯教授说："在草原上，天气瞬间万变，变换得很快，我不得不在短时间内轮番忍受雨水、风暴以及太阳的暴晒。最难过的是，我还要忍受蚊子的猖獗攻击。有一段时间，我几乎失去耐心，准备放弃自己的观察计划。你要知道，那是很艰难的时刻。然而，就在这个时刻，我突然想起自己的观察对象——狼，没错，正是狼的特质给了我鼓舞，让我一次次重拾信心。"

在围捕猎物之前的观察阶段，狼为了完成围捕往往会做大量细致的外围工作，它们不惜用几天乃至更长的时间来完成这个预备工作。它们要忍受的不光是威尔金斯教授所遭遇的天气和蚊子那么简单，它们往往要长期忍饥挨饿。在此期间，它们不会有丝毫的疲倦和厌恶，也不会没有目的地追逐或者骚扰猎物。在这个观察过程中，它们就像冷漠的旁观者，在机会没有到来之前绝对不会轻举妄动。正因为这个原因，它们总是能够判断出哪些猎物是最合适的攻击对象，也很少失手。

　　一个没有耐性的人，注定看不到更大的机会。人们常说："放长线，钓大鱼。"只有眼光放得长远，才能够看到更合适的机会。许多眼前利益往往很诱人，但暂时诱人的微小东西却不一定是助人发展和成长的，有时甚至是与人有害的。在既得的眼前利益面前，我们务必要多一个心眼，往远处想一想。你有没有想过，它对将来意味着什么？这到底是一次机会，还是一个陷阱？如果经过细致的分析之后，你认定它对长远的利益有害，那么就不要轻举妄动。这就是所谓的"小不忍则乱大谋"。

　　可是，我们前面不是说，机会到来的时候要抓住，上天不会轻易再给我们一次机会了吗？这岂不是自相矛盾？非也。当我们身怀利器，当我们做好一切准备，我们就有了思维的能力，对于机会的性质能够做出很准确的判断。这时候，我们就会明白"三思而后行"的真谛，不会抓住错误的机会，也不会放弃真正的机会。

　　当然，对于年轻人来说，可能最大的乐趣莫过于冒险。不过，冒险不等于做盲目的牺牲。任何行动都是人类自己做主，由人类的主观意识所决定，因此都有一个基本的前提，那就是要让自己的思维做主，在做好准备的情况下一击致命。我们的确需要机会，可这不等于说，让我们自己受制于机会。中国最大的网商阿里巴巴总裁马云曾经说："CEO 就是对机会说'不'。"只有学会挑选机会的人，才是真正懂得机会的人。

对机会说不，绝不表示机会不用珍惜，恰恰相反，当环境不利、条件不具备的时候，只有如此，我们才能真正地掌握机会。须知，即便是同样的机会，在不同的场合，对于不同的人，其作用是不同的。可能对于一个人来说是机会，对于另一个人来说就是灾难。只有对机会彻头彻尾地了解，剖析机会的本质，认清机会的真相，才会既不错过机会，又不病急乱投医。这才能算是真正的珍惜机会。

有家公司在招聘新雇员时出了一个笔试题目："眼前利益和长远利益是否都对公司重要？如果两者出现冲突，你怎么选择？"结果，大多数应聘者写出长篇大论，围绕这个题目夸夸其谈。

然而，长篇大论并不一定能够说清楚利益的本质。有一个女孩简简单单地写了这么几行字："无论是眼前利益还是长远利益，都是公司的利益。眼前利益不是坏东西，但如果有长远利益的存在，前者就要服从后者。在可能的情况下，可以两者兼顾。眼前的利益或许会使公司的业绩或者个人的业绩得到一时的满足，但却可能给公司的长远利益带来后患。在这种情况下，人需要做的是克制，需要为公司多想一点。所谓克制就是要有一个长远的眼光，为未来打算，为长远谋划。总之，长远利益需要我们看得远，需要厚积薄发，眼前利益是把握机遇，需要我们抓住机会。"

公司领导对她的答复很满意，因此很快就决定与她签下了一份不错的工作合同。这家公司的领导之所以这么快就决定选用她，并且给予信任，正是看到了她对机会的全面理解。这实际上也意味着，这个应聘者对公司的发展有了一个长远的规划，不会为了眼前小利而影响公司的大策略。

只要身怀利器，又能够待时而动，那么"不鸣则已，一鸣惊人，不飞则已，一飞冲天"的机会就总有一天会来到。

没有现在的"厚积"，就没有日后的薄发。但是，厚积并不一定能够薄发。我们在准备好后，往往会面对一个漫长的等待期，所以，要学会忍耐，静静等待。在伪装成机会的陷阱面前，要能够不动声色，要能够细细观察，要能够冷静处置，直到真正的机会出现，再迅速出击，方能一举中的。这才是最完美的珍惜，才是真正的机会。

不慕虚荣，
不要活在别人的视野中

很多时候，我们感到不快乐，或是患得患失，并非因为生命不顺遂，而是因为我们太在乎周围人的眼光。

在我们生活的这个世界里，别人对你的评头品足实在是再正常不过的事情。很多时候，一个人的价值也就在这样的评价中确立起来，反过来也能够影响到一个人奋斗的动力。但须知，怪异的眼光和恶毒的话语是常常存在的。这个时候，我们不妨把那些事情遮蔽起来，只有如此，我们的心情才能平静下来。如果太在乎别人的"眼光"，你做事就必然会畏首畏尾，会使一个人失去自我、丧失个性。一个没有自我、没有个性的人，或许有一定的才华，但却肯定无法成就大事，也不可能发现自己生命的价值所在，因为这个人心中没有一杆独立的秤。

　　有时候，我们为了活出别人眼中的精彩，常常改变了自己的意愿，不是根据自己的心意，而是在别人的标准、评判中找寻自我价值。别人的一句诋毁甚至足以泯灭我们所有的信心，因为太在意别人对自己的看法，所以我们总是觉得自己活得很累！

　　其实，太在乎别人的看法，非但不能帮助我们改善自身，还总会扰乱自己的方寸，使自己活得愈加沉重。只有坚持自己，不轻易为别人的评价违背自己的心意，尊重自己生活的行为方式，活出自己的精彩，做自己真正想做的事、想做的人，我们才会达到快乐自在的人生状态。一只燕子之所以飞舞得轻盈自如，是因为它按照自己的方式扑向蓝天，如果只看到高空盘旋的雄鹰，它永远找不到飞翔的快乐。

　　有一个男孩从小就写字不好看，上学的时候课堂默写总是被同学嘲笑。久而久之，大家的嘲笑深入心底，他开始害怕在别人面前写字。只要有人站在自己面前，不管对方有没有在看他写字，这个小男孩总会偷偷地想：他在看我写字吧？我写字太难看了，他们一定在笑话我。一旦这么想着，男孩的手就开始发抖，写得越来越不自然，越是想认真写，手就越是抖！这使男孩很痛苦。

　　等到升入高三上学期，男孩所在班级的语文老师换了。这位新老师的教学策略有所改变，男孩很是喜欢。有一天，老师要求同学们把教学大纲中要求背诵的课文再复习一下，准备下周随堂默写课文。男孩很想给新语文老师一个好印象，就非常用心地把那篇文章反复背诵直到滚瓜烂熟，而且还自己私底下提前默写了好几遍，以此确保没有错别字。上课之前他本以为能轻松搞定那次默写，谁知道到了默写时间，铃声一响，老师一进教室，他突然感到害怕极了，心里突然间浮现出大家的目光，那目光犹如聚光灯一样照射着自己，于是男孩又感到特别紧张。大家已经陆续开始默写了，可只有他手不停地发抖，非但没有顺利默写完课文，甚至一个字也没有写出来。这次经历让男孩痛苦到了极点，心理压力特别大。

好不容易升入大学，大一的时候，男孩出于兴趣和几个朋友一起加入了某文学社团。这个社团经常开会，并偶尔会发布一些通知什么的。此外，根据社团的纪律规定，每次集合时候会员都要到负责人那儿签到。这个男孩出于以前的心理阴影，不敢当着别人的面签字，他总担心自己手发抖写不出来。久而久之，男孩就开始害怕那些人特别多的集会了，一看到那么多人叽叽喳喳，他的头就大了。这种状况影响了他整个大学生活，本想在大学期间多参加集体活动，以便锻炼自己，并帮助自己提升各种技能，可是因为太在意别人的评价，他一次又一次与珍贵的机会失之交臂。

后来，男孩大学毕业了。在亲戚的帮助下，他找了份挺好的工作。单位效益很是不错，父母让他好好珍惜，可是，男孩很快又纠结不已，因为新工作需要做很多文字工作，这些工作也都是需要和人打交道的业务。一想到这事，他又陷入了恐惧之中，不知道该怎么办……

这个男孩的例子显得有些极端，但类似的案例在生活中并不少见。人都是要面子的，所以每个人都很在意自己的形象，也在乎别人怎么看待自己。这是正常现象，但不能因为要所谓的面子或者得到别人眼中的"好评"而给自己增添过多的压力。

须知，别人对你的评价不一定都是完全正确的。每个人的参照系不同，评价时候的标准也完全不一样。有些人在评价别人时专挑好听的说，如果你完全相信，就可能会错误地高估自己。这种情况下，一个人可能自我感觉良好，随意轻视别人，甚至会目中无人，自以为是；有些人在评价别人时可能专挑坏的讲，故意贬低人，这样就会让你低估自己，容易导致自卑消极心理。所以，在听取别人意见之前，要先要了解自己、认识自己，要确立一个正确的自我评价体系，并以此为基准，参照别人的评价来提升自己。

别人眼中的你，往往是表面现象或一个方面，能够真正全面、清楚了解自己的还是你自己。所以，没有必要从别人的嘴中去了解自己。虽然可能会出现"当局者迷，旁观者清"的情况，但多数情况下，旁观者的意见仅作参考即可。自己的路还是要自己走，别人可以指路，但到底是乘船还是坐车要由你自己根据个人情况决定。

和人交往的最佳境界是不卑不亢，这样能够确保双方独立，才能不失去自我。在生活中，我们经常会发现，有些人我行我素、对别人的评价反应迟钝，但他们的生活却往往很让人羡慕。这不过是因为他们活得轻松随意，没有陷入流言蜚语的罗网。

有时候，我们总在不经意间想起某些人的话、某些人的眼光，心中会为之一阵阵地心烦意乱。其实，大可不必这样。人应活在自己心中，而不是别人眼里。在做好准备之后，我们就应当做自己喜欢的事，坚持自己的理想，勇敢地向前走。只要做好自己、相信自己，并为了心中的目标不断地奋斗，你就一定能找到属于自己的幸福!

不论什么样的人生，只要自己能够感到幸福，那就足矣。如果所有人都羡慕你的生活，但你自己却感到如同鸟儿坠进了罗网，如同鱼儿进入了鱼缸，那你的生活还有什么乐趣可言？不要压抑自己的天性，不要失去自己的做人原则。太在乎别人的看法，只会让自己活得沉重。有时候，我们不妨我行我素，不为别人的眼光违背自己的心意。尊重自己生活的行为方式，尊重自己的人生信念，做想做的事，做想做的人，自然会达到快乐自在的人生状态。

不言放弃，
不论顺境逆境都要前进

　　每个人的人生中都充满了大大小小的苦难。俗话说，没有过不去的坎儿。人是从苦难中成长起来的。唯有把苦难当成垫脚石，而不是绊脚石，一个人才能从苦难中重新站起来，才能持续不懈地乐观奋斗，最终得到人生中最珍贵的财富。

　　有个女孩自打很小的时候，就有了一个人生梦想：她想要做一名出色的滑雪运动员。然而，造化弄人，她不幸地患上了骨癌。为了保住她的生命，父母被迫同意锯掉她的右脚。后来，癌细胞漫延，她又不得不先后失去了乳房及子宫。

　　接二连三的厄运不断地降临到这个女孩的头上，但苦难却从来没有使她放弃心中的梦想。她始终不断地告诫自己："一个人应该对自己负责，谁若轻言放弃，谁就不能成功。我要向逆境挑战。"

这个女孩没有被病魔打倒，相反，为了实现心中的梦想，她以更加顽强的斗志和坚韧的毅力排除万难，坚持训练。最终，她还是成为一位滑雪运动员，并且还为她的国家创下多项世界纪录。1988 年，她获得了冬奥会的冠军，并在美国滑雪锦标赛中一举赢得 29 枚金牌。不仅如此，她还更进一步成为攀登险峰的高手。这个女孩就是极具传奇色彩的著名滑雪运动员——戴安娜·高登。

人生路上，会有顺境，但更多的是逆境。对于不同的人来说，顺境逆境的意义大为不同。对某些人来说，逆境是学校，厄运是老师，苦难是一块跨过去便能鱼跃龙门的垫脚石。逆境能激发一个人的斗志，把个人潜在蕴藏的潜力尽情地释放，从而把逆境演变成一个帮助个人奋发进取的舞台。古语说得好，"自古英雄多磨难，从来纨绔少伟男"。没有经历过逆境的人，很难成就一番伟业。

但厄运并非总是财富。并非每一个身处逆境的人都能像戴安娜·高登那样顽强，很多人会被苦难打倒，而不是将其作为通向成功的垫脚石。正如伟大作家巴尔扎克所说："世界上的事情永远没有绝对的，结果完全因人而异。"苦难对于强者是一块垫脚石，甚至是一笔财富，但对弱者则往往是一个绊脚石。今天我们要面对的问题就是，如何正确看待苦难？一旦我们将心态摆好，以正确合理的姿态来处理，就会有不一样的结果。

我们无法改变昨天的事实，但今天的态度将会影响明天的价值，也将决定我们的人生轨迹。苦难即便让我们的昨天千疮百孔，但只要我们认真对待苦难，在黑暗的尽头，我们就必将看见光明。

洪战辉是河南省周口市东下镇洪庄村人。12岁那年，洪战辉小学毕业，这一年洪战辉的家庭生活发生了一些改变：一天，患有间歇性精神病的父亲出人意料地带回家一个弃婴。

家里太穷，他们自己的生活都很困难，所以根本负担不起哺育女婴的花费。忧虑的母亲让洪战辉把女婴送人，但出于不忍心，他犹豫再三还是把女婴留下了，并给这个小女孩起名叫做洪趁趁，小名"小不点"。

由于父亲患病，洪战辉一家的生活重担全部压在目不识丁的母亲身上。母亲平日辛勤劳作，早出晚归，但还经常遭受到父亲无缘无故的毒打。

1995年秋季的一天，可怜的母亲忍受不了家庭的重担、丈夫的拳头的双重压力，最终选择了逃离。

母亲走了，父亲是病人，刚满1岁的"小不点"怎样才能带大？久久沉思之后，洪战辉告诉自己：既然一切已无法改变，那就自己毅然承担吧。

那时候家里没有固定收入来源，很是穷困。为了买奶粉，洪战辉从小学时就开始做小买卖。他在附近的集市上摆摊，冬天卖鸡蛋，夏天卖冰棍。当生意不顺利，家里实在没钱的时候，他就带着妹妹到有小孩的人家找口奶吃。为了让妹妹健康成长，他不时琢磨着给"小不点"补充营养。既然没钱，那就想办法。最多的办法是上树掏鸟蛋，然后给妹妹做蛋汤。为此，他不止一次从树上摔下来。

从高中起，洪战辉就开始带着妹妹上学。除去用假期里打工所挣的钱交了学费，他还利用课余时间在校园里卖起学习书籍。但苦难仍然没有结束，就在刚开始读高二时，他父亲的病情恶化，必须住院治疗。迫不得已，洪战辉不得不休学，专心挣钱为父亲治病。

尽管如此，洪战辉仍然没有放弃求学的念头。在打工的同时，他坚持学习，2003 年 7 月，洪战辉考取了湖南怀化学院。课余时间，为了多赚一点钱，他开始想方设法打工。他在校园里卖过电话卡，为怀化电视台的一些节目组拉过广告，还为一家电子经销商做校园销售代理。他这样做的目的，就是想一边挣钱一边带着失学在家的妹妹一起上学。

洪战辉携妹求学 12 载的故事偶然被媒体获悉，并很快成为新闻热点。他的故事经全国多家媒体报道后，在很短的时间内就成为社会关注的焦点，不断有人表示愿意向他捐款，以便帮助他抚养妹妹。然而，令人意想不到的是，生活仍然不宽裕的洪战辉在某媒体上发表公开信，拒绝了这些好心人。在这封信中，他向关心自己与妹妹的人表示感谢，但明确提出他不需要任何社会捐款。"因为我觉得一个人自立、自强才是最重要的。苦难和痛苦的经历并不是我接受一切捐助的资本。我现在已经具备生存和发展的能力。这个社会上还有很多处于艰难中而又无力挣扎的人们，他们才是需要帮助的。"

面对铺天盖地轮番到来的苦难，洪战辉自始至终不放弃追求心中的梦想。他不屈服于现实的苦难，即便饱受着肉体上的折磨，忍受着精神上的重压，他也始终保持了心灵的平静，始终保持着自尊、自重的精神气质，这正是一个自强、自爱的人面对苦难该有的人生态度。

苦难中能够保持镇静已经是常人很难达到的一种人生境界，直面苦难自然更加难以做到。不怨天尤人，不牢骚满腹，而是能够将苦难看作生命中的一种磨砺，视作进步的动力，那无疑需要很大的勇气。然而，一旦我们超越了苦难，就能够轻松地战胜苦难，所获取的必定是难以估量的价值，是重新微笑的崭新机会。

人的一生难免会遭受一些苦难。对所有人来说，无论是与生俱来的身体残缺，还是惨遭生活的偶然不幸，只要我们敢于面对，能够自强不息，就一定会赢得掌声，并在持续的努力下赢得成功，赢得幸福。当我们终于来到幸福的面前，才会理解曾经的苦难成了我们人生发展的垫脚石，垫起我们人生的新高度。

温室的花朵固然看起来绚烂可爱，但永远经不起风吹雨打，而饱受寒风摧残的苍松看起来平淡无奇，但却可以一直屹立在严冬里。最宝贵的财富往往在苦难过后才能得到，而只有这样的财富才最值得人珍惜。正如孟子所言："天将降大任于斯人也，必先苦其心志，劳其筋骨，饿其体肤。"一个永远生活在安逸环境里的人，没有体验过自我超越的感觉，很难铸就坚强的精神，也就必然很难在一个充满竞争的社会中出类拔萃，从而脱颖而出。

作家罗曼·罗兰曾经说过："痛苦像一把犁，它一面犁碎了你的心，一面掘开了生命的起点。"如果你嫌弃生活平庸，要想成为一个有所作为的人，那么你必须有永不绝望的信念，即便面对风雨和痛苦，也能够不畏惧、不退缩。人只有挫折中才能学习更多，在苦难中才能成长更快。让我们记住这句话：雄鹰之所以能够展翅高飞，离不开雏鹰最初的跌跌撞撞。

在漫长的人生旅途中，如果恰好遭遇苦难，那你不应该为此感到畏惧，须知苦难并不可怕。即便事业受到挫折也不应一味忧伤，只要守住理想，只要心中的信念没有萎缩，我们的人生就不会夭折，我们的幸福就会回来。

我们应该记住，苦难确实是我们人生道路上的绊脚石，但它同时也是一份宝贵的财富。这份财富可以让你重新审视平庸的人生，可以让你正确地看待风雨人生。当你吸取教训，并且重新强化了自己的目标之后，那苦难就会成为人生道路上的垫脚石，会帮助你尽快到达成功的彼岸。

其实，苦难就像是锻炼人性的熔炉，让我们感到痛彻筋骨，但也可以增加我们生命的韧性。

聪明人永远不钻牛角尖，另辟蹊径

生命中的某次失败往往会改变一个人的命运。当既定路线行不通时，你就该告诉自己：该转弯了。俗话说，天无绝人之路。上帝关上一扇门，也会为你打开一扇窗。但是你必须在门关上的一刹那，学会去找寻这一扇窗子。如果你坐在门口哭泣，那么你就永远无法通向幸福。当发现自己前面是一堵墙或是无法逾越的天险时，你就不要再固执走下去了，何不转个弯另辟蹊径？学会转弯，是人生奋斗中的大智慧，是一种灵活机动，也是一种洒脱的放弃。

人们常常钦佩那些坚持不懈的人，认为坚持就是胜利。这样的想法虽然不能说错，不坚持奋发进取一定不会成功，但是，你有没有想过，坚持就一定能成功吗？

　　马嘉鱼是一种肉鲜味美、外形漂亮的海鱼，它们看起来很可爱，有着银色的皮肤、燕尾和大眼睛。这种鱼平时生活在深海中，只有在春夏之交的时候才随着海潮游到浅海逆流产卵。利用它们的这种生活习性，渔人捕捉马嘉鱼的方法变得很简单：他们用一个孔目粗疏的竹帘，下端系上铁块放在水里，再找两只小艇拖着拦截鱼群便可以干活了。这是因为，马嘉鱼的"个性"特别强，它们生性不喜欢转弯，即使闯入罗网也不会停止向前游动。因此，当渔夫的小船遇上鱼群之后，马嘉鱼就会一条条"前赴后继"地陷入竹帘孔中，而一旦孔收缩的越紧，马嘉鱼就愈被激怒，会更加拼命往前冲，结果被牢牢卡死为渔人所获。

　　生活中，我们经常会看到有一些人，他们一边牢骚满腹，哭诉人生的路越走越窄，没有取得成功的希望，另一方面又不思调整，不愿意有所改变，总是因循守旧。这些习惯在老路上继续走下去的人，他们这样活下去，难道不是与马嘉鱼的生存方式有所相同吗？

　　实际上，当你遇到挫折时，未必非要做无谓的坚持。既然此路不通，何不调整一下目标，改换一下思路？"山穷水尽疑无路，柳暗花明又一村"。当你通过那"小小"的路口，也许一下子就会豁然开朗。当不幸降临的时候，那并不意味着路已经到了尽头，而是在提醒你：该转弯了。

克里斯朵夫·李维因主演好莱坞大片《超人》而蜚声国际影坛。但是，造化仿佛永远不乐意看到一个人顺遂一生，在 1995 年 5 月，他在参加一场激烈的马术比赛时不幸坠马，就此成为高位截瘫者。生命很是脆弱，这次受伤对李维打击很大。从昏迷中苏醒过来后，他对家人说的第一句话是："与其救活我，还不如让我早点解脱吧。"出院后，妻子为了让他散散心，常常开着汽车带他出去旅行。

有一次，两人到某一处山区旅游。汽车不断穿行在蜿蜒崎岖的盘山公路上，委蛇前进。克里斯朵夫·李维一言不发，静静地望着窗外。偶然之间他发现，当车子即将行驶到一段路的尽头的时候，路边都会出现一块交通指示牌，上面写着："前面转弯!"或"注意! 急转弯!"车辆明明快要到了路的尽头，但在转弯之后，前方又豁然开朗。峰回路转，车辆也一次次转弯调整方向，而"前面转弯"几个大字一次次冲击着他的眼球。刹那间，他恍然大悟：原来，当我们以为无路可走的时候，不是路已到尽头，而是车辆该转弯了。于是，他对着妻子大喊："我要继续走下去，我还有路要走。"

从此，李维以轮椅代步，当起了导演。才华不可掩饰，首次执导影片就获得了金球奖。接下来，他继续努力，又开始了艰辛的写作。很快，李维的第一部书《依然是我》就出版了，甚至立即进入了畅销书排行榜。与此同时，他还投入慈善事业，创立了一所瘫痪病人教育资源中心，积极奔走呼吁，为残疾人的福利事业筹款。

美国《时代周刊》曾以《十年来，他依然是超人》为题，专门派出记者报道了克里斯朵夫·李维的事迹。李维在采访中谈论自己的转变，回顾他的心路历程。李维强调：不是路已到尽头，而是你该转弯了。

是啊，人的一生这么长，谁都难免会遇到或大或小的挫折与不幸。为什么有的人就此消沉下去，一蹶不振了呢？为什么有的人顽强拼搏，很快就风生水起了呢？这里面的关键在于：当路已到尽头或无路可走时，你是否学会了转弯，甚至可能需要掉头。

转弯并不是逃避。有些人做一件事情，一看失败了，就立即转去做别的事情。这时候总会有风言风语出来，就会有人说他没有毅力。其实，天生我材必有用，但这块材料到底适合做什么是没有人能够打包票的。需要记住，东边不亮西边亮。失败并不可怕，可怕的是你一头撞南墙，坚持继续失败，而不知道调整。转弯不是放弃前行，而是为了寻找更好的道路。条条大路通罗马，如果其中一条你走不通，那么换一条吧。

一个人可以自由地树立自己的理想，可以主观选择自己的人生方向，但对于人生中的各种遭遇却是无法选择，也是无法预料的。当我们遇到挫折，就要学会转弯，转过这个弯，人生自有别样风景在等你。

也许在转弯前你只能看到悬崖绝壁，甚至看到路在自己脚下断裂，此时你甚至有如临无底深渊般的绝望。但请不要惊慌，人生的路虽在脚下，但更在心中，只要心中有路，就会路随心转。当你心中有一条路出现的时候，眼前的挫折往往就是转折，危机同时也是转机。相反，如果路到尽头，你还固守原来的做事方式，始终不愿转弯，那么最后只能一败涂地、人财两失。

亨利和麦克同时在报纸上发现了一则将清水变成汽油的广告，他们对此喜出望外，马上开始了夜以继日的研究，希望能够就此成为有名的企业家。但是，经过连续两个月的辛勤努力，他们一无所获。亨利通过这些天的学习发现，要想将水变成汽油是一件绝不可能的事情，便毅然放弃了，转而去做另外的生意。与此同时，麦克却坚持认为，好生意没有那么容易实现，必须坚持才能成功，因此他没有听从劝告，继续研究。

几年后，亨利事业有成，成为一个颇有名气的企业家。麦克则已一贫如洗，神智也变得不那么清醒了。

麦克如果能像亨利一样能进能退、知晓变通，即便不能在其他行业取得成功，起码不会搞得两手空空，一贫如洗。这都是固执惹的祸。

诺贝尔奖得主莱纳斯·波林说："一个好的研究者知道哪些构想应该发挥，而哪些构想应该丢弃，否则，他就会在无谓的构想上浪费很多时间。"有些事情，即便你做了很大的努力，并为之坚持不懈、苦苦劳作，但十年之后，你还是会发现自己走的是一条死胡同。这样的情况下，就需要你及时总结经验，对前景有一个预判能力，在该急流勇退的时候迅速退出来，重新寻找研究对象，重新寻求对策。

不论何时，我们都不要以一成不变的眼光看待问题。不管是什么处境，当你认为走到末路的时候，就应当首先考察自己的行为方式，考虑是不是应该改变原有的思维。也许你的思路拐个弯，就能够寻到其他的路。

条条大路通罗马，一条不行，还有第二条、第三条……但如果你坚持只走一条的话，就等于放弃了千万条。不要一成不变，死死板板。不回头固然意味着信念与执着，但如果你不会随机应变，不知道变通，而是坚持在南墙上撞得一塌糊涂，那就是不可救药了。

人生的危机与转机，往往就在一念之间。当事业不顺心，个人发展撞了南墙之后，只要愿意静下心来重新寻找奋斗的方向，一个人就会转变心境，而人生的成功机会就可能出现在身边。既然这一条路不好走，或预料到这条路势必进入死胡同，那就应及时悬崖勒马，寻找一条新的大路。面对失败，我们只要保有积极乐观的心态，重新找一下路的出口，并对自己的人生规划进行一番审视，也许成功就会在不远的地方出现。

第九章

能接纳

——持身不可太皎洁，该原谅时不计较

　　生活并不是战场，不需要你死我活，有你没我。如果我们想
要获得幸福，想要取得成功，就应该学会并且逐渐擅长待人接
物，要接纳和宽容那些不完美的东西，也要原谅那些犯下错误
的人们。只有懂得接纳，只有学会拒绝苛责，我们才能够交到
更多的朋友，获得更大的幸福。

承认缺憾，
绚丽未必等于完美无瑕

　　昙花虽美，却也只能绽放一时；牡丹虽美，却有人认为华而不实；维纳斯虽美，却再也没有双臂。世界上的许多事物，即便所有人都认为绚丽至极，但也仍旧是完美与缺陷共存。自然与艺术也是如此，我们的生活更是充满各种小小遗憾。人的一生，在我们看来似乎都是在不断地追求理想中的完美状态，然而盖棺论定之时，后人却会发现伴随一生的却是一个又一个遗憾、一个又一个缺陷。完美状态是人一生的奋斗目标，是所有理想的寄托点，然而理想中的完美往往显得虚无缥缈，只有缺陷才是真实的。承认自己拥有的缺陷并且接受它、善待它，让自己的缺陷得到善待，这才是真正地善待自己。善待自己，不仅要珍惜优点和长处，更要珍惜和善待自己的缺陷，只有那样，缺陷才会变得同样美丽，我们的人生才不会因为这些缺陷的存在而有遗憾。

在我们生活的这个地球上，有春暖花开和鸟语花香，也有雷电轰鸣和狂风怒吼；有美丽怡人的夏威夷和风光无限的威尼斯，也有冰天雪地的两极和不断喷发的火山，还有惊心动魄的海啸和地震。然而，没有人会认为，只有前者才是大美无疆，而后者就不值一提。完美总是与缺陷共存。也许有人会说："世界并不完美，多么令人遗憾!"但是你别忘了：缺陷也能因为其特别的要素而绽放绚丽的色彩。盘古开天辟地时，天地不分，世间万物混沌一团，好似无懈可击，而正是盘古那一斧劈出的缺陷才劈出了人们赖以生存的世界；女娲补天时，只剩下一块没有补全，而正是因为这一缺陷，大地才有了四季之分和风雪雷电；大地东倾，按说也算是个缺陷，但正是因为有了这个缺陷，世间才有了百川入海，泉水叮咚，江河瀑布，也因此才有了孔夫子"逝者如斯夫，不舍昼夜"的哲思，才有了"奔流到海不复还"、"问君能有几多愁，恰似一江春水向东流"的诗词歌赋。同样，昙花正是因为其花期的短暂，才显得美妙绝伦而格外珍贵。世界正是因缺陷而美丽！所以，善待缺陷吧。只有敢于承认缺陷，正确善待缺陷，你才能看见缺陷的价值与美，才能珍惜生命中所有经历。即使会有残缺，那又怎样？我们仍旧也可以享受人生，仍旧可以珍惜世界！

　　人的一生也一样。每个人都不会是完美的，我们总是存在着不同的、或大或小的缺陷。"一朝春尽红颜老，花落人亡两不知"，黛玉即便专享宝玉的爱情，但其葬花之情是何等的凄凉。然而，正是因为那"花飞花谢飞满天"的悲愁景象和黛玉的悲剧，才成就了中国文学史上最感人的一个形象；贝多芬耳聋之后，他的音乐创作有了质的飞越，谱写出了《命运交响曲》这样传诸后世的音乐经典；英国的海伦、中国的张海迪，她们都身患某种足以击倒普通人的残疾，然而她们并没有因此放弃自己，反而依靠自己的顽强意志奋斗拼搏，取得了令人瞩目的成绩。她们的身体是残缺的，然而她们能够正视这些缺陷，因此而得到一个完美的心灵、高尚的精神。她们的人生，并不因缺陷而凋零，反而因缺陷而美丽，因缺陷而辉煌。请正视自己的缺陷吧，无论那是生理原因，还是社会原因，都要记住缺陷也能绽放绚丽的色彩。珍惜自己拥有的一切，既要以理想中的完美为目标，也要善待当下的缺陷，这将是你一生的财富。

　　以前有一个年轻人，他非常贫穷。为了生计，这个年轻人不得不在一户富人家做挑水夫。每天他都挑着两个水桶到五里之外的山泉打水。不过，令人奇怪的是，他的两只水桶有一个有裂缝，另一个则完好无缺。每挑完一次，那只完好无缺的桶总是满满的，但是另外那只却总要漏掉一半。然而，两年来，这个年轻的挑水夫却从未动过修理水桶的主意，他就这样每天挑一桶半的水，宁愿多跑两趟把水缸挑够也不愿意修桶。尽管主人人没说什么，两只水桶却争论起来。完好无缺的那只很是自豪，它觉得自己能够圆满地完成任务。破损的那只桶则对自己的缺陷感到非常羞愧，它常常觉得，自己不能负起全部责任。

两年后，破损的那只桶终于再也忍不住了，有一天它开口对挑水夫说："我很惭愧，必须向你道歉。"挑水夫反问它："你为什么会觉得惭愧？"破损的桶说："过去这两年，水都从我这边一路漏掉了，因为我的缺陷害你事倍功半。"挑水夫听了很是替破桶感到难过，这不是因为漏水，而是因为它没有意识到自己的价值所在。于是，他对桶说："今天在我们回到主人家的路上，你要格外留意路旁盛开的花朵。"

听了挑水夫的话，破损的桶那一天在回家的路上就一路特别留意着身边的一切。当挑水夫走在回家的山坡上时，破桶看着看着突然感到眼前一亮。它看到，缤纷绚烂的花朵开满了路边，这些花儿沐浴在温暖的阳光之下显得特别可爱，而这景象使它开心了很多。但是，当挑水夫走到小路的尽头它又难受了，原来又有一半的水在路上漏掉了。见到此情此景，破桶再次向挑水夫道歉。这时候，挑水夫温和地说："我不是让你格外注意看路边吗？你有没有注意到，小路虽然有两个边，但是只有你的那一边有花，另外那一边却没有开花。我知道你有缺陷，因此我才根据你们的特点善加利用，在你那边的路旁撒了花种。这样一来，每次我从溪边回来，你就替我一路浇了花。你没有注意到吗？这两年来，那些美丽的花朵不但美化了主人的家园，甚至还装饰了主人的客厅。如果不是因为你这个特征，主人的桌上也没有这么好看的花朵了。"

这是个聪明的挑水夫，因为他能够慧眼识珠，看到缺陷的另一面。当破损的桶只看到眼前的短处，频频为自己的缺陷感到惭愧和难过的时候，挑水夫却能够把桶的缺陷美努力地发挥出来。他利用破桶漏水的特点，故意在路边撒下花种，把破桶漏掉的水用来浇灌花朵，从而打造出一片格外奇异的风景，让缺陷也能绽放绚丽的色彩。由此可见，只要能够善待自己的缺陷，珍惜自己的不足，也能让短处发挥出它可以发挥的价值，只有这样，才是一个成功人士最明智的选择！

　　月有阴晴圆缺，人有悲欢离合。我们的人生不可能太圆满、太幸福，况且月满则亏，水满则溢。生命中有一个小小的缺口，未尝不是一件美丽的事，它让我们永远有追求幸福的动力。正视缺陷和不足吧，它或许会将我们带入另一片风景。月儿无法永圆不缺，鲜花无法永开不谢，天空不能永葆湛蓝，大海不能总是风平浪静，但这种缺陷并不仅仅表示着生命和美丽的凋零与陨落，相反，这很可能是一种摄人心魄的美。比萨塔的倾斜是缺陷，圆明园的凄凉是缺陷，维纳斯的断臂亦是缺陷，但这种种缺陷并不会给人以悲的感觉，因为它们依然是某种精神的化身，是思想象征的延伸，是历史的见证。它们以一种震撼人心的美征服世人，美就美在它的不完整。所以，善待并珍惜自己的缺陷吧，当这些不足发挥出其别有的特质，你就会明白，唯有珍惜自己的方方面面才能珍惜世界！

　　有些缺陷是美丽，因为有了它们我们才能够一次次地热血沸腾，一次次地热泪盈眶。或许你会说，坦然地面对外物不难，因为我们只需要宽容，但是面对自己或是周围人的缺陷可就没有那么简单了。这是因为，你要克服属于自己的缺陷，就要更多勇气和更多信心。或许你会因为一点缺陷而觉得世界很单调，世界不再多姿多彩，而并不会因此缺陷而感觉美妙。但是，首先你要知道，这缺陷既然已经属于你，那就无可逃避，而你只能够而且也应该正确地面对。善待缺陷，也就是善待自己，给自己留出一条前进的道路，而不是打开一扇溃退的门。如果你能拥有一颗晶莹剔透、美丽善良的心，为什么还要奢求完美的肉体呢？不必太在意自己身体上的缺陷，也不必太在意自己一些微小的缺点，只要你坚持努力做好自己该做的事，使自己更充实更有内涵，尽量做一个开朗、善良并且积极进取的人，那么你就会拥有一个完满的人生。我们无法使自己外貌完美，但我们绝对有能力使自己的内心完美，而不会被缺陷和完美的种种所累。姑且放下外表的压力，试着去做一个内心无缺陷的人，细心地体味各种的完美滋味。

缺陷之所以能绽放绚丽的颜色，首先是因为我们能够珍惜自己。须知，正是因为人有了缺陷，才能突出其他方面的完美：失明的人，听力会特别敏锐；丑陋的人，不会担心被妒忌；消极的人，不会害怕自己得意忘形……每个人都有属于自己缺陷，而缺陷实际上无异于美的印证。如果真的存在一个人是完美的，那么他的缺陷可能就是没有缺陷，换句话说，可能就是没有什么特点。每个人都是被上帝咬过的苹果，只不过有的人缺陷比较大，然而那也是因为上帝特别喜爱它的芬芳。正视自己的缺陷，换个角度看问题，就能够让缺陷绚丽地绽放。无论如何，请珍惜自己，善待自己，这意味着善待生命，善待人生！

　　善待生命，就是善待自己的未来，也就是让自己的缺陷也能发挥出其别具一格的功效。"金无足赤，人无完人"，凡事有所得必有所失。所谓"鱼与熊掌不可兼得"，我们要善待自己就必须学会欣赏自己，珍惜自己的缺陷，明白其特别之处。既然人的许多缺陷都是与生俱来的，我们根本无法改变，那么我们何不珍惜它、善待它、适应它呢？正所谓万紫千红才是春。

不求面子，紧抓住稍纵即逝的缘分

人生一世，没有比"女友（男友）结婚了，新郎（新娘）却不是我"更令人伤感的。然而，很多时候，这种错过只不过因为一个面子问题。这样的情况下，这样的伤感就只能是咎由自取，连同情也不值一点点。

人生中最让人遗憾的就是错过最美好的爱情。那远去的身影，本来有意守护在自己身边，但却只因自己没有抬起手臂而失去那份真爱，如今徒留一生惆怅。不要说什么遇上了不恰当的时间，遇上了不恰当的人，唯一不恰当的就是自己不懂珍惜。

男孩和女孩本是一对人人艳羡的情侣，郎有才女有貌，双方爱得无限意乱情迷。然而，就在毕业的时候，这对情侣却为了谁去谁的家乡工作起了争执。两个人都是家里唯一的孩子，为此双方父母也各自步步紧逼，寸步不让。两个人的争执也随之进入白热化状态。

其实，他们是聪明人，也知道这样的问题原本很容易解决。只要他们在一起，工作地点还不容易商量吗？但是，这份真爱里面出现了自私的成分，随着争吵的深入两人争执里难免出现有伤感情的痕迹。他的刀光，她的剑影，突然扰乱了之前所有的甜蜜。最终，他忍无可忍地用脏话骂她，而她毫不迟疑地回应了他一记耳光。然后，女孩哭着走了。

事情发展到这一地步，男孩后悔极了，不停地给女孩打电话。不过，她怒气未消，对他放声吼道："从今以后，我不想再和你纠缠了。你如果是男人，就不要来敲我的门！"就是这样一句话让男孩子痛苦不堪，虽然他想要努力挽回曾经的真爱。可是"如果你是一个男人……"这句话太刺耳了，就像无形中安装了一个扩音器，把背后的怨恨放大了无数倍。

但是，他最终还是决定去敲门。他再次来到女孩的寝室：一次，她不开；两次，不开；三次，门还是没有开。其实，女孩就在门的那一边安静地坐着，默默地流泪。她很想让男孩进来，可是自己说出了那样的话，现在没有足够的勇气放下自尊。

门外渐渐安静下来。这个时候，屋里的寂静让女孩感到有些害怕。她倚靠在门上，祈祷着男孩再次敲门。只要他再敲一次，她就打开门让他进来，原谅他的一切，并决心说服自己的家人和他一起走。然而，站在外面的男孩已经由伤心到绝望，最后他恼怒不已。男孩决定不再理会那扇门里是否存在着他要的幸福，他慢慢地转身离开，心中暗暗对自己说，我已经决定只敲三次，如果她给我开门了，那就不再和她吵，我会说服我家人同意毕业后就一起去她的城市。但是她没有开门，这一切都结束了，她也许根本就不是适合我的伴侣。因此，他坚决回到自己的家乡，不久，他娶妻生子，忘记绝情的她。

很多年后，在一次大学同学聚会上，他们不期而遇。当醉酒的他说起自己不幸的婚姻，女孩的心刹那间感受到同样的痛楚，她的婚姻又何尝幸福？同病相怜的两个人说起那次门里门外的故事，才终于晓得对方都曾经做出了让步的打算。可是他们被面子问题打败了，都没有适时为对方做出改变，因此错过了一场美好姻缘。

"此情可待成追忆，只是当时已惘然"。多年以后人们会想起当初的美好故事，只能风中垂落沧桑的泪。这样的故事，只能给人们带来永远的遗憾。故事的男女主人公只能在风中独自吟唱着

"曾经有一段爱情摆在我的面前，我没有珍惜……"怪谁呢？只能怪自己。幸福本来是你可以做出的选择，但你却因为"面子"放弃了选择的权利。一旦你不去选择命运，那么命运必然选择你。

有这样一个寓言：

有一天，一把看起来饱经风霜锈迹斑斑的钥匙，偶然出现在铜锁的面前。

"我终于找到你了！"

钥匙为这次相遇兴奋得热泪直流，他说："我就是属于你的那把世上独一无二的钥匙啊！"

铜锁挣扎了很久才用生涩的声音说："很久很久以前，我曾经有过一把钥匙，但进去之后才知道是错的，可惜已经来不及了。那把钥匙已经断在里面并且生了锈，如今再也取不出来了。"

所以，已经太迟了，铜锁再也无法打开。逝去的永远无法挽回，只能成为一个伤感而心酸的回忆。爱情，当初错过一点点，可能实际就错过很多，也许，就可能错过了一辈子。

虽然听上去如此伤感，但是这样的故事总是不断跳出来。也许是年少轻狂，也许是青涩羞怯，但那么多人为了一个面子问题，就眼睁睁地让那份真爱随风而逝，让人不胜唏嘘。

　　罗明浩是一名软件工程师，在工作上他非常优秀，但是生活上却显得要差一点。这不是因为他收入不足，而是因为性格内向。眼看着他今年就要到三十岁了，不但没有结婚，甚至还没有一个合适的女朋友。其实，他早已经有了心仪的对象。那个女孩是他的大学同学，毕业之后两个人也在同一个城市工作。

　　早在读书时，罗明浩就非常喜欢这个温柔可爱的女孩，但是他自己太害羞了，一直不敢把心中的想法向对方表达出来。很多次他已经快要站在对方的面前，但是总给自己找各种各样的借口放弃了，诸如"毕业之后再说"之类。其实，他非常担心女孩根本不喜欢他。她看上去是如此完美，更何况，当时喜欢这个女孩子的人很多，而那些人当中又不乏一些条件优秀的。不过，直到大学毕业，这个女孩子也从来没有答应和任何人成为男女朋友。

　　就在大家即将毕业各奔东西的时刻，罗明浩经过无数次自我鼓励终于鼓起勇气走到女孩面前，可是最终他还是选择了放弃。他甚至没有时间和机遇看到女孩期待的眼神，就这样，他完全错过了这个女孩。

　　工作之后，罗明浩一直没有尝试新的恋情，他的心里总是会想起这个女孩。由于自己当初放弃了很多机会，如今每当想起她，他就会没来由的心疼不已。为此，他不时向上天祈求：如果能够再给我一次机会，我一定不会错过她。

也许是上天听到了他的祈祷。不久，罗明浩就在自己的城市里遇到了这个女孩。女孩的住处和公司离自己上班和居住的地方都不远，而最令他高兴的是，到目前为止，女孩仍是单身一人。罗明浩得悉这些情况，几乎高兴得有些发疯，他认为自己终于可以和女孩约会了。

经过几番犹豫，罗明浩终于下定决心，准备约女孩出来看一场当时十分叫好的浪漫电影。可是，就在去她家的路上，罗明浩居然又一次犹豫不决了，他不知道究竟应该不应该去，既担心自己太冒昧，又担心女孩拒绝自己的邀请。一个个借口不停地冒出来，它们就像是调皮的小狗，频频阻挡住了他的脚步，他越走越艰难。最后，罗明浩实在走不下去了。在街头左右徘徊了一个小时，那些"小狗"依然萦绕不散，他最终依然选择了放弃。

又过了几个星期，罗明浩再次鼓起勇气，决定再一次去女孩家发出约会请求。可是这一次，他彻底悲剧了。临行前他听到了女孩准备结婚的消息。罗明浩此时感到特别伤心，但他缺失的勇气反而在这一天被激发出来，他邀请女孩出去喝酒。女孩很爽快地答应了。酒后，罗明浩终于无所顾忌地向女孩吐露了心声。

女孩听后流着眼泪说："罗明浩，你知道不知道，我为了等你这句话等了多久？可现在一切都太晚了，当初你连告白的勇气都没有，如今我又如何相信你能给我幸福呢？"

罗明浩听得目瞪口呆，后悔不迭。

有句歌词叫"爱你在心口难开"，可是既然爱了，为什么不敢说出口？没有勇气说出的爱，又怎能算得上真爱？这个女孩子的话没有错，如果罗明浩连这样的"面子"也要顾虑，那么以后的生活中她还不知道要为了所谓面子和"不好意思"损失多少幸福。因此，女孩只能选择拒绝罗明浩。

爱如果来了，那就一定要懂得珍惜。不要为了所谓的面子，就让爱随风而逝。如果真是那样，你的一生都要在痛苦的回忆之中度过了。

对于中国人来说，"面子"是一个大问题，但正是这个东西经常让人们错过了不该错过的东西。一个懂得珍惜幸福的人，永远不应该用面子作为借口，错失追求真爱的机会。要记住：缘分虽然很深，但是如若你用"面子"蒙住自己的眼睛，它也能在刹那间变得很浅。

宽以待人，
友谊长青要靠宽容浇灌

无论是对人还是对己，宽容都可能成为一种无须投资便能获得的精神补品。学会宽容不仅有益于自己的身心健康，而且可以赢得更多的友谊。

简单地说，宽容就是宽以待人，不过分计较对方的得失。古人就认为，"严于律己，宽以待人"是较高的为人处世境界，也是有较高个人修养的表现。无数的生活实例也告诉我们，这更是获得良友的诀窍。只有你理解朋友，体谅朋友，对朋友不求全责备，虚心接受朋友的批评意见，好的朋友才会出现在你的面前。一个宽容的人，即使朋友的批评有失偏颇，也会认真倾听与接收其中的好意。

　　二战期间，一支部队在森林中与敌军相遇并发生激战。战事结束后，两名战士落伍与部队失去了联系。他们两人是来自同一个小镇的老乡。两人在森林中艰难跋涉，互相鼓励、安慰。然而，十多天过去了，他们仍未与大部队联系上，不过幸运的是他们打死了一只鹿，依靠这些鹿肉两人又可以艰难地度过几日。可是接下来，日子就过得更加艰难了。也许是因为战争的缘故，动物不是四散奔逃就是被杀光，从这以后他们再也没碰到任何动物。日子一天天过去，两个人最后仅剩下一些鹿肉，都背在较为年轻的战士身上。

　　这一天，他们在森林中遇到了一拨敌人，经过激战后两人决定撤退。他们巧妙地避开了敌人。不过，就在他们自以为已安全撤出时，只听一声枪响，走在前面的年轻战士倒在地上，幸亏只是伤在肩膀上没有立即死去。他的战友惶恐地跑了过来，害怕得语无伦次，忍不住抱起战友的身体泪流不止，不过他还是赶忙把自己的衬衣撕下来包扎住战友的伤口。这天晚上，没有受伤的那个战士就一直叨念着母亲，两眼直勾勾地盯着脚前的一片土地。此时此刻，两个人都以为他们的生命即将结束，所以都想把生还的机会留给对方，故此谁也没动身边的鹿肉。天知道他们怎么过的那一夜。第二天，部队救出了他们。

事隔 30 年，那位受伤的战士说："其实，我知道是谁开的那一枪，就是我的战友。他去年去世了。当他抱住我时，我碰到了他发热的枪管，但我们撤退的当晚我就宽恕了他。我知道他想独吞鹿肉活下来，但我也知道他活下来是为了母亲。因为这个原因，在此后的 30 年间，我装着根本不知道此事，也从不向人提及。战争太残酷了，他的母亲还是没有等到他回家。战事结束后，我和他一起祭奠了老人。他朝我跪下来，请求我原谅他。我没让他说下去。就这样，我们又做了二十几年的朋友。我没有理由不宽恕他。"

一个可以宽容试图伤害自己性命的朋友的人，该是多么仁慈和宽厚！正是这种宽容，才使两人的友谊经历生死考验而保持了下来。

朋友之间的相处之道在于包容。大事小情错综复杂，日久天长，伤害一旦开始，那么将来就在所难免会留下裂痕。但是，在大多数情况下，这种伤害往往是无心的，而朋友以前对你的帮助却往往是真心真意的。不要太在意朋友们偶尔给你带来的无心伤害，也不要放在心中铭记什么"君子报仇"，而要把朋友给予你的关怀和帮助时刻铭记在心。只有这样，朋友之间才能够互相理解互相宽容，每个人才能拥有更多的朋友，大家也才能都更加和谐地相处，我们也才能够拥有更完美的人生。

　　从前有一个男孩，脾气非常坏，出于个人习惯，他总是在不经意间说出一些难听的话，给自己的朋友带来各种难堪和伤害。因为这个原因，他的朋友越来越少，而他自己也为此十分苦恼。后来，他的父亲知道了儿子的苦恼，就想要帮他改正一下这种臭毛病。一天，父亲给了他一袋钉子并告诉他，每次发脾气或者跟人吵架的时候就在院子的篱笆上钉一颗。第一天，男孩钉了 37 颗。这让他感到害羞和可怕。于是，接下来的日子里，他慢慢学着控制自己的脾气，每天钉的钉子也逐渐减少了。这样几个月下来，他慢慢地发现，控制自己的脾气比钉钉子要容易得多。终于有一天，他连一颗钉子都没有钉。他就高兴地把这件事告诉了爸爸。

　　爸爸听后对他说："从今以后，如果哪一天你一次脾气都没有发，你就可以从篱笆上拔掉一颗钉子。"日子一天一天过去，最后篱笆上面的钉子终于全被拔光了。这一天，爸爸带着儿子来到篱笆边上对他说："儿子，你现在做得很好，是不是自己也这么想呢？可是你看看篱笆上的洞，这些篱笆永远也不可能恢复了。你和一个朋友吵架，不过是随口说了些难听的话，但是这些话就在他心里留下了一个伤口。伤口像这个钉子洞一样，你插一把刀子在一个人的身体里很容易，再拔出来或许也不难，但那伤口却难以愈合了。无论你事后怎么试图去弥补、怎么去道歉，伤口总是在那儿影响着你们的感情。要知道，身体上的伤口和心灵上的伤口一样留下来就难以恢复。朋友是你的宝贵财产，他们让你开怀大笑，鼓励你勇敢拼搏。他们总是随时倾听你的忧伤，随时分享你的快乐。你需要他们的时候，朋友会支持你；他们需要你的时候，也会向你敞开心扉。你和朋友们是互相支持，互相照顾，相互扶携着走在人生的道路上。所以，你不可以随便和你的朋友吵架，也不要说一些难听的话去伤害他们。告诉你的朋友你有多么爱他们，告诉所有你认为是自己朋友的人这些话，至于那些你伤害过的人，要真诚地向他们道歉，请求他们的原谅。"

　　这是一位慈爱的父亲，也是一位聪明的父亲。他在教育自己的儿子如何控制自己的脾气，但更是在教导他如何学会宽容。施明德说："我有时候真的觉得宽恕是结束苦痛最美的句点。"六十一岁的他说："外界看我大大咧咧、无拘无束的样子，其实快乐的因子和幸福的因子不是毫无来由的，大多数反而是自己培育的，即使像我这样经历沧桑生命的人，只要能够包容、宽恕、不怨天尤人，就可以活得很快乐。"宽容可以改变一个人看待世界的方式。正是这种宽容的心态，才使得施明德能够战胜各种困难，历经各种风雨始终开心快乐，并赢得很多朋友的关心。

如果我们真的珍爱幸福，并且想要一个和谐的交际圈子的话，那么就珍惜朋友、珍惜友谊，以一颗宽容、博爱的心去对待他们，也要以此对待生活中的每一个人。俗话说，"海纳百川，有容乃大"。对朋友要奉行宽恕之道，不要太苛求，更不要过于计较小节。不要让小瑕疵掩盖了我们之间纯真的友情，要知道，世界上没有十全十美的东西，更没有完美无瑕的人。如果要求过高，你便很可能没有朋友。记住：宽容可保友谊长青。所谓"瑕不掩瑜"，说的就是这个道理。

心胸宽广，
从讨厌的人身上找优点

　　做人有很多大道理小智慧，而其中有一点十分重要的，那就是要学会看到别人的优点。一个人在受到别人称赞的时候，最愿意以配合的姿态完成你的请求。如果每个人都这样，那么你的事业就很容易取得成功。

　　人无完人，金无足赤。寸有所长，尺有所短。没有一个人是只有缺点和短处，而却没有一点优点、长处的。实际上，有些人即使自认为是"缺点"的特质，在你的眼中也会放大为"优点"；反之，有些人自以为是"优点"的特点，却会在你的眼中变成大大的"缺点"。各种的关键就在于，我们用什么样的眼光去看待这个人。

美国作家戴尔·卡耐基说："不要老是想着自己的成就和需求，要尽量发现别人的优点，然后发自内心地去赞赏他们。"只有你去赞赏别人，别人才会考虑你的需求和成就。

当我们面对自己不喜欢的人的时候，我们固然可以看到他们的缺点，但更重要的是，我们应该做到：依然可以看到他们的优点。只有这样，我们才是客观的，这样的行为才是对自己有益处的。你讨厌一个人，并不代表这个人一无是处，并不代表他的身上毫无可取之处。学会取他人之长，用来补自己之短，是让自己更好成功的"捷径"。

德伦西说过，只有那些能从别人的过错中看出其优点的人，才是最聪明的人。

换言之，能看到别人身上优点的人，往往是一个观察细微的人。他能够从别人的身上看到自己所没有的长处，也能够看到别人所不能发现的优良品质，而不是总在别人身上挑剔这挑剔那的。假如一个人只能够看到别人身上的缺点，那么他的眼光毫无疑问是狭隘的，因为他永远只能看到自己身上的长处，而这样的人必定会永远止步不前，难以在生活上取得突破。

有一天上课，老师走进了教室却没有讲课，而是先用粉笔在黑板上点了一个白点儿。然后，他问同学们："请问，大家看到了什么？"同学们齐声说道："一个白点儿。"虽然回答的整齐划一，但是同学对老师的问题也感到可笑。这时，老师故作惊讶地追问："只有一个白点儿吗？"同学们听了感到很吃惊，于是纷纷瞪大眼睛开始找寻，大家希望还能找到别的什么答案。过了一会儿，同学们仍然重复了刚才的答案。老师摇摇头说："这么大的一块黑板放在这里，难道大家都没有看到吗？"同学们听了默然失声。此时，老师指着黑板的空白处说道："每个人身上都会存在一点缺陷，但是你们平常是不是只看到了他人身上的'白点儿'，却忽略了别人拥有的一大片空白（优点）呢？"闻听此言，所有的同学都陷入了深思……

其实，我们每个人就像是一块黑板，可能有一个白点在某个位置上，但首先拥有的确是一大块空白，拥有缺点的同时也拥有优点。问题在于，我们常常习惯性地忽略了自己的短处，也忽略了他人的优点。由此可见，练就一双火眼金睛，多多看到别人的优点是多么重要。不论你喜欢还是讨厌这个人，都要能够从这块黑板上看到白点之外的空间。

一个能够看到别人优点的人，在人际交往方面会往往比一般的人要更强一些，因为他们更容易得到善意的回馈。有资料统计显示：良好的人际关系可使工作成功率与个人幸福指标达 85% 以上；在一个人获得成功的诸种因素中，85% 决定于人际关系，而知识、技术、经验等传统因素仅占 15%。在一个地方被解雇的 4000 人中，人际关系不好的高达 90%，而不称职者仅仅占 10%。大学毕业生中，人际关系处理得好的人平均年薪要比优等生还高出 15%，比普通生更是高出 33%。那么，怎样才能够学会观察别人的优点呢？

首先，要习惯于多看别人的长处，这会让你看到生活中的钻石。

白开水不过是最普通的水，可是它却是最解渴的液体。虽然白开水本身清淡无味，可是当一个人运动过后或是身处沙漠之中的时候，这绝对是你不二的选择。平淡无味但补充水分有效果，这就是白开水的最大优势——廉价又平凡，但它的优点是其他饮料所无法取代的。那些善于取他人长处的人，总能在平凡无奇的事物中找到珍宝，也才能够看到白开水的宝贵之处。

其次，要多看别人的长处，这会让你的心境愈加乐观。

一个只会找寻别人缺点的人是不"健全"的人，因为他始终不曾拥有一个阳光的心态，也就无法照耀到所有的鲜花。这样的人往往活得很累，因为他总是会害怕别人超过他，所以才需要不断在别人的缺点中找到自信。相反，一个能够看到他人身上优点的人是心胸开阔的人。他也许不是最成功的有钱人，但是他一定是最善于从他人或者事物之中学到长处的人，一定是进步最快的人。做一个这样的人，就能够始终在快乐中进步，在愉悦中成长。

再有，如果多看别人的长处，你注定收获更多情谊之外的东西。

学会宽以待人，学会容忍他人的缺点。你不能因为一个人的缺点就全盘否定他，因为即便他拥有很多你没有的优点，只要你没有擦亮眼睛就不能看到它。心里装得下别人的人，才会学得进别人的长处，因此就会拥有很好的人脉关系。同那些溜须拍马的人不同，这些关系都是在关键时候能够挺身而出助你一臂之力的人。

做一个心胸开阔的人吧。去发现别人的优点，而不是盯着那些缺点；去发现生活中的美好一面，而不是迷惑在那些斑驳的阴影之中；去发现身边的珍宝，而不是那些糟粕。人生没有完美，总会经历这样那样的缺失，而在指责别人不完美的同时，就是在制造一种不完美。只有懂得欣赏别人，只有更多地发现别人的优点，才能从他们身上汲取有助于提升自己的正能量，才能够让自己不断提高，不断进步。多想一想别人的优点，少计较别人的缺点，这样你会觉得生活充满幸福感。遇到风浪时，大海里的鱼从来不会惊惶失措，而小河里的鱼则会四处逃窜。这是因为，大海气魄宽广，有纳百川的肚量和气势，大海也因此显得比小河更完美。在人生的旅途中，我们若想在繁复的琐事里保持宁静，若想在困厄时得到援助，平时就应当待人以宽。唯有宽广的心胸，才能营造幸福完美的人生。

第十章

爱生活
——人生自在且旷达，方能云淡更风轻

　　没有谁是不爱生活的，没有谁是不希望快乐幸福地生活的。但是生活往往却会开我们一个玩笑，让我们感到其中的酸甜苦辣。这个时候，我们不妨以自在旷达的态度来看待，从小事中看出大意义，从分享中看出快乐，从当下看出未来。只有放宽心胸，看得云淡风轻，才能够更好地享受生活之美。

珍惜机会，小事中可能蕴含着转机

我们常常说，要珍惜机会，这首先要求我们能够认真对待正在做的每一件小事。刘备在教育儿子的时候说，"勿以善小而不为，勿以恶小而为之"，就是在强调小事的意义。虽然一件事情可能微乎其微，但即便它不是重若千钧，却也很有可能在其中存在着一次重大的转机。

不管是一个宏大的工程，还是一件关涉民生的大事，抑或是一场旷日持久的战争，都可能因一件小事而成功，也可能因一件小事而失败。

很多人终其一生都在寻找着大事情、大机会，因为在他们的眼中只有可见的和重大的机会，却因此忽略了身边的小事。这种做法到底对不对呢？读过下面这则寓言故事，也许你就会对此有更深的体会。

有一个小伙子，他总是想要做一件大事。他对自己说，即便不能做横扫江湖的大英雄，也要做叱咤风云的大人物，总之，他不断地寻找这样的机会，想要独占鳌头，想要出类拔萃。

这一天，他如往常一样急匆匆地走在路上，面色焦急地寻找着。这时候，有一个人拦住了他问道："小伙子，你为何行色匆匆？"

小伙子没有停步，只简单地对那个人回答了一句："别拦着我，我正在寻找机会。"

转眼之间，20 年就过去了，小伙子已经变成了中年人。可是，他依然在路上疾驰着寻找机会。遗憾的是，这 20 年间他始终没有发现什么好的机会。

这一天，又有一个人拦住了他。那个人问道："喂，伙计，你在忙什么呀？"

"别拦我，我在寻找机会。"小伙子依然脚步匆匆，没有理睬问话的人。

又是 20 年过去了，当年的小伙子早已变成了面容憔悴、两眼昏花的老人，然而他还在路上艰难地迈着双腿向前挪动。他年轻时候的目标没有达到，可是他的雄心壮志依然不减当年，对于机会的寻求依然如当初一样迫切不已。

这时又有一个人拦住他问道："老人家，你还在寻找你的机会吗？"

"是啊。"

当老人回答完这句话后，他猛地一惊似乎意识到了什么。当他仔细看了一眼问话人之后，两行眼泪掉了下来。原来，刚才问他问题的那个人就是机遇之神。而从声音听来，他就是那个自己二十多岁时问过自己在寻找什么的人，同时也是在自己四十多岁时问他同一个问题的人。

他寻找了一辈子机遇，可谁能想得到，机遇之神实际上就在他的身边。

机遇的确可以造就不平凡的业绩，可是要寻觅到真正的机会，唯一的方法就是把握住每一件小事。因为，或许这里没有一蹴而就的成功机会，但却必定有积累能量的机会。不能珍惜小事的人必然不能保持一颗坚持奋斗的心，也就是断了循序渐进的成功之路。

没有谁可以随随便便成功。可以说，成功没有什么捷径，如果非要说有什么捷径的话，那就是把每一件小事都做到尽善尽美。当无数个细节得以尽善尽美地完成时，就可以积累出巨大的成就。俗话所说的"天下大事必做于细，天下难事必做于易"就是这个道理。

那些梦想着一步登天越过小事情去办大事情的人，往往很难获得真正的成功。不是因为他们没有做事的愿望，而是因为他们不懂得珍惜小事里的机会。即使他们看到了这些机会，也可能因为不屑一顾而丧失做事的机会。从小事做起，才有机会做成大事。

他是一座知名大学的优秀毕业生。出类拔萃的他有着一种近乎本能的骄傲，踏入工作岗位后，胸中豪情万丈，一心只想鹏程万里。不料，上班后他才发现，自己每日里需要处理的无非是些琐碎事务，既不需要太多知识，也看不出什么成果，没过多久，他就对这样的工作产生了厌烦情绪。

一次，单位第二天就要开一个非常重要的会议，因此部门所有同仁彻夜准备文件。因为他是新人，领导分配给他的工作是简单的装订和封套。处长再三叮嘱："一定要做好准备，别到时弄得措手不及。"可是，在他看来，这么简单的工作交给自己简直又是大材小用。因此，对于处长的叮嘱，他不但没有听进去，还感到更加不快。

同事们忙忙碌碌地准备各种材料，而他不但对于自己的工作没有兴趣，也懒得帮别人的忙，只顾在旁边看报纸。最后，大家准备好的文件都交到他手里。这时候，他才开始了简单的装订工作。没想到，他只订了十几份，就听见订书机"喀"地一响——针用完了。他漫不经心地打开装订书针的纸盒，又赫然发现里面居然是空的。

任务在身，必须当天完成。于是，他立刻翻箱倒柜，到处找订书针。可说来也怪，平时满眼皆是的小东西，不知道怎么回事儿，这一天竟连一根都找不到。他看了看表，已是深夜十一点半，而文件必须在次日上午八点之前发到与会代表的手中。

处长见状非常生气，对他咆哮道："不是叫你提前做好准备吗，怎么连这点小事也做不好？大学都白读了。"他听了这话感到羞愧难当，这一刻才发现自己的清高自傲有多么害人。没有其他选择——他必须完成任务。几经周折，他在凌晨四点终于找到一家还在营业的超市买到了订书针，及时赶在开会之前将文件整齐漂亮地发到代表手中。

事后，他灰头土脸地等着挨训。没想到，平时严厉得不近人情的处长却只对他说了一句："千里马失足，往往不是在崇山峻岭，而是在柔软的青草地。"

如果你听过单田芳老师的评书，一定记得这样一句话："大风大浪都过来了，却在小河沟里翻了船。"在很多典故中，有不少历史人物在经历了千难万险之后，却因为一件小小事情毁掉了一生的荣耀与功绩。这句话和故事里处长所说的"千里马失足，往往不是在崇山峻岭，而是在柔软青草地"具有异曲同工之妙，都是强调了"小事"中的"大意义"。

不珍惜小事的人，很可能错过不断出现的成功机会，也因此可能增大自己失败的可能。这就是小事的力量，小事或许作用很小，但是价值却不一定小。许多人漫不经心地经营自己的生活，做事马虎、得过且过，凡事不肯精益求精，往往在关键时刻也不能尽最大努力。所谓习惯成自然，一个习惯于忽略机会的人总是难以真正成功。

如果你真的愿意珍惜机会，就要从把握每一件小事情做起！千里之行，始于足下，要想成功，就得一步步地走。

大事里有大契机，小事里也有大文章。必须牢记：不要因为事小就漫不经心。机会都很会伪装自己，它们把自己隐藏在小事里面，等待有心人的发现。关注小事，才能不放过任何成功的机会，认真对待小事，才能不给失败以任何机会。

淡漠是生活最大的敌人拥有热情，

有一位曾在科研领域中做出过卓越贡献的著名数学家，他在科研事业上的成就出类拔萃，国际科学界甚至以他的名字命名了一个数学定理，然而生活中的他却是一个情绪障碍症患者。这位科学家性格孤僻内向，成天关在自己的小房间里看书学习，演算公式，攻克难题，很少与外界交流。由于为人沉默寡言，他总是让人觉得有些兴味索然，给外界留下一个"古怪"的印象。直到40岁左右，他才在别人的催促下结了婚。但由于情绪障碍的后遗症，他在结婚时完全不知道该如何操办婚礼，婚后也不知道如何维系婚姻生活。由于过分内向离群，对外界反应不敏捷，加上社会适应力又很差，他曾屡次遭遇车祸，身体也因此大受影响。

这位数学家所表现出来的情绪障碍症状，在心理治疗领域中被称为淡漠症。淡漠症患者往往神情冷漠，生活中缺乏强烈或生动的情绪体验。他们对人非常冷淡，哪怕是自己的亲人，对待他人总是缺乏体贴。他们几乎总是习惯于单独活动，主动与人进行的交往仅限于生活或工作中必需的接触。因此，他们几乎没有亲密朋友或知己，很难与别人建立深厚的情感联系。

他们看起来似乎不食人间烟火，但实际上却不能享受人间的种种乐趣，如夫妻间的恩爱、家人团聚的天伦之乐等，同时也欠缺表达人类细腻情感的能力。由于病情的影响，大多数淡漠症患者都独身一生，即使结了婚也多以离婚告终。

一般说来，这类人并不在乎对别人的意见，无论那些观点是赞扬还是批评，他们的反应均是无动于衷，只是一个人过着孤独寂寞的生活。其中有些人可能会有业余爱好，大部分都是阅读、欣赏音乐、思考之类安静的单独完成的活动。部分人还可能因此而一生沉醉于某种专业，两耳不闻窗外事，一心只读圣贤书，能够取得较高的成就。但从总体来说，这类人的生活平淡、刻板，而他们自己也往往缺乏创造性和独立性，难以适应剧烈多变的现代社会生活。

　　因为这种病情的影响，淡漠症患者喜欢在人少的场所工作，比如图书馆、书店、山地农场、林场等。

　　追根溯源，淡漠症形成的原因一般与人早期心理的发展状况有很大关系。人类出生以后，最初有很长一段时间不能独立生活，必须有父母亲的照顾。人类早期的情绪特征就是在与父母的互动关系中形成的。尽管每个儿童在小时候都不免要受到一些指责，但在一个人的成长过程中，只要能够感觉到周围有人爱自己，他就不会产生心理上的偏差。如果一个人终日被骂、被批评，自我感觉上得不到父母的爱，这个儿童就会觉得自己毫无价值。如果父母对子女不公正，处理事情不平衡，那就会使儿童产生心理上的失衡，进而出现敌对情绪，所以有些儿童因此产生分离、独立的意愿，逃避与父母在身体和情感的接触，久而久之就会出现淡漠症状。

　　通过这样一种病症，我们可以从反面看到一个淡漠的人将会是什么结局。对生活淡漠的人，生活便会以淡漠的态度作出反应；相反，那些积极主动、乐观向上的人，生活也会给出一个满意的答复。

　　关于"什么东西会让自己觉得幸福"这个问题，少女们的回答是这样的：倒映在河面的闪闪街灯；透过树叶间隙看到的红色屋顶；烟囱中冉冉升起的炊烟；红色的天鹅绒；从云间透出光亮的白月光……这些东西代表着青春少女们最无瑕最积极的渴望，而无一例外都是温暖人心的意象。

虽然这些答案并不能充分表现出幸福的含义，但无疑却让我们理解，人们对于幸福的追求不过是对美好的渴望。想要成为一个幸福的人，最重要的秘诀便是：以一种积极的乐观心态对待生活。当你想要看到美丽和幸福的时候，它们才会出现在你的面前。

欣赏自己的人才有未来 充满自信，

我们每一个人都是独特的，各有自己的优点和不足。我们从来不是别人的从属和附庸，而且只有真实地生活在属于自己的世界里，我们才能找到自己快乐的人生。即使没有人欣赏我们，那么至少还有我们自己知道自己的优点和长处，我们永远是自己忠实的"粉丝"。一个人只有在欣赏自己的前提下，才能够充满自信地从事自己喜欢的事业，也才能够取得相应的成功。

渴望得到别人的欣赏是人类的本性，如果自己的能力被别人肯定自然是一件让人兴奋的事情。问题在于，很多人把得到别人的肯定作为自己终身奋斗的目标，而一旦得不到别人的欣赏他就会一蹶不振，自怨自艾，甚至过分关注自己不完美的那部分。其实，这两者都大可不必。

美国心理学家韦恩·戴埃曾写过一个故事。有一只小猫在追逐着自己的尾巴，老猫经过看到，便问小猫："你为什么总是在追自己的尾巴呢？"小猫说："我听人家说，追求幸福是一件很美好的事情，而我们的幸福就是自己的尾巴。"老猫说："我以前也有和你一样的想法，直到后来我发现，每当我追逐自己的尾巴时，它总是一躲再躲。而当我忘记它，开始着手做自己的事情时，它总是形影不离地伴随着我。"

这则故事很简单，但是却明确阐述了这样一个道理：如果心中不去刻意地追求某种东西，而是集中精力去把一件该做的事情做好，那么你原先渴望得到的东西或许就会从天而降。顺着自己的个性，发挥主观行为的能动性，赢得不应该失去的机会，才能得到别人更多的欣赏与赞赏。只有当你放弃追求众人赞美自己的冲动时，你才能让自身的完美真正地显露出来。

来自他人真诚的鼓励和真正的欣赏，往往可以帮助一个人重塑自信心，从而更加勇敢地面对生活。但是，别人的赞赏虽然容易得到，但真诚的鼓励却可遇不可求。求人不如求己。因此，最简便易行的让自己快乐起来的方法就是学会自我欣赏、自我肯定，只要学会适当地自我鼓励，我们就能够从点点滴滴的自我完善中获得持续性的快乐。

欣赏自己，并非狂妄自大，而是要从自己内心出发，欣赏自己，表现出对生命的珍视和热爱，不是让自己成为"井底之蛙"，忽视了更广阔的天空，而是让自己抛弃浮躁更成熟地走向未来。

人无完人，纵然我们有不足的地方。我们始终应该学会欣赏自己，欣赏自己的开朗自信，欣赏自己的聪慧大方，或者欣赏自己的平凡普通，欣赏自己的独一无二。只要我们学会欣赏，就能发现自己与众不同的一点，就此帮助自己以阳光的态度为人处世。人的一生，或许会遇见不少自己特别欣赏的人，但是最应该欣赏的还是自己，因为只有你自己提升了，你才能够得到别人的认同，从而避免成为人生的旁观者。

每个人生下来都是独一无二的，无人可以取而代之。然而，这个独特的"我"并非完美，既有优点也有不足。一个人只有充分地认知自己、欣赏自己，才能坦然面对他人、自信地与人交往，才能出色地发挥出自己的才能和潜力。如果一个人连自己都不喜欢，习惯以怀疑的、否定的态度看待自己，那么就有可能遏制甚至扼杀自己的创造力，也更加不可能赢得别人的欣赏和肯定了。

事实上，我们的身边不乏这样的例子，因为自卑自怜、自暴自弃等各种心理原因而造成的人生悲剧已经太多太多，这不但给家人造成痛苦，而且给社会造成损失。

欣赏自己并不是指傲视一切的孤芳自赏，也不意味着唯我独尊的狂妄不羁。做到这一点，其实不需要大动干戈的气势，也不需要改头换面的勇气，它只不过是一种省悟。当我们学会自我欣赏的时候，就能够重新认知和充分领悟个人身上的优秀品质与卓越才能，那是一种面对困难时能给予自己信心的源泉，是一种推动自己向挫折挑战的动力。

在一次讨论会上，面对会议室里的 200 个人，一个著名演说家手中高举着一张 20 美元的钞票问："谁要这 20 美元？"所有人都把手举了起来。

这位演说家接着说："很遗憾，我只能把这 20 美元送给你们中的某一位。但在这之前，我需要做一件事。"说完，他就将那张钞票揉成一团，然后问："谁还要？"仍有不少人举起手来。

接下来他又说："那么，假如我这样做呢？"他把钞票扔在地上，又狠狠地踩了几脚。钞票这时候已变得又脏又皱。"现在谁还要？"还是有人举起手来。

此时，演说家说到："朋友们，你们已经上了一堂很有意义的课。无论我怎样对待这张钞票，你们都不会放弃它，因为它依旧是 20 美元，并没有因为变得又脏又皱而贬值。在人生的道路上，我们可能会无数次被自己的决定或碰到的逆境击倒、欺凌甚至碾得粉身碎骨。那个时候，也许我们觉得自己似乎一文不值。但是，无论发生什么糟糕的事情，在上帝的眼中，你们的价值永远都不会丧失。在他看来，不管穿着肮脏或洁净，不管衣着整齐或不整齐，你们依然是无价之宝。"

人生自古多磨难，但只要我们学会欣赏自己，就会在平反的生活中发现幸福。其实是那么平常，犹如小石子落在水面上荡起的微微涟漪。人生中的磨难就像是波涛拍打礁石而激起的点点水花，并没有什么可怕。当然，这种欣赏首先是一种务实精神，是一步一个脚印的跋涉。没有这种正确的态度，自我欣赏就容易变为骄傲自满。

如果我们感到自己被繁重的工作或学习的巨大压力所左右，那么不妨停下脚步，休息一会儿。不要只顾埋头奔波，不要总是把烦恼和自怨塞进行囊。泡上一壶清茶，学会用欣赏的眼光看待自己，看看自己到底有什么样的才华。那么，我们会很惊奇地发现：其实，自己也很出色，而对事情如何处理，也会有新的见解。

　　欣赏自己的人是自信的人，也是会学习的人。这是因为，能够欣赏自己的人总是习惯于带着同样的目光去欣赏别人——只是平等的欣赏，而不是卑微的崇拜或者羡慕。因此，他们很容易发现别人的才华，同时又往往善于把别人的优点变成自己的特点。

　　尽管我们自己并不完美，但需要记住，这个世界本身就不完美。我们没有必要为不完美而沮丧，我们需要的是一颗追求完美的心。我们要学会自我欣赏、自我品评，在无人喝彩的时候我们也要骄傲前行，并且做得更好。

　　每个人来到世间的使命都不一样，一味苛求自己没有意义。只有相信自己，欣赏自己，才能活出生命的精彩，才能让独一无二的自己闪亮起来。

快乐不在远方而在当下
珍惜眼前，

　　一个人心情的好坏很大程度上影响其生活质量的好坏。然而，并不是每个人都能天天保持好心情。人们常常会遇到这样那样的不愉快的事，有时可以逃避有时却不得不承受，因此心情不好，生活烦忧。

　　卡耐基有一个处世原则是：生活在完全独立的今天。卡耐基常常提及著名加拿大医生奥斯勒他曾经把生活比作一艘具有防水隔舱的现代油轮，各舱可以完全封闭。奥斯勒说，"我认为，你要学习控制（你生活的）机器，生活在一个相对独立的今天，以便保证航行的安全。在你生活的每个阶段中，按下开关，保证你确实已经用铁门把过去也就是逝去的昨天关在身后；然后，你再按一下开关，用铁门把未来也就是还没有来临的明天隔断在那一个虚幻的空间中。关闭过去，意味着抛开已经逝去的时间，关闭那引导着傻瓜走向死亡的昨天。同时，你要把未来也关闭得紧紧的。对未来的忧虑就是对于今天精力的浪费，而一旦精神有压力，神经很疲累，你就会陷入为未来而忧虑的深渊之中。只有把前面的和后面的大舱门都关得紧紧的，你才能够培养出生活在'一个独立的今天'中的习惯。"

奥斯勒这段话的意思，并非不要我们为明天做准备，而是要更合理地利用时间和机遇。一个人能够为明天所做的最好的准备，就是集中注意力把今天的事在今天做完做好。

著名的古罗马诗人贺瑞斯也有近似的理解。他在一首诗中写道：

"这个人很快乐，也只有他能快乐，因为唯有他能把今天当做自己的一天；他在今天能感到踏实和安全，他可以大声的说：不管明天怎么糟，我已经顺利地度过了今天。"

几乎每一届卡耐基培训班都有学员说，他们会为好几个月甚或好几年以前的事而懊悔，甚至会因此烦到精神崩溃的地步。曾经有人反复想起自己过去对某一个人 (现在已经去世) 所做的错事，因而常在不安中度过，有时候还会全身是汗地在大半夜醒来而不能够继续入睡。偶尔在白天她也会突然想到这件错事。他苦恼地说："我实在很难忘记这件事，我总是会忍不住想起它。不过，我现在学会了'活在独立的今天'，把注意力集中在今天的问题和欢乐上，已经能够比较好地帮我缓解这种焦虑。"

很多商业人士同样也面临着难以入睡的问题。有一位总裁说："作为一位高级主管，我本应该在办公室把问题解决，但因为太过焦虑，我常常会把问题带到上床时。自从开始学会珍惜今天。我认为自己每天上班时间都尽力了，如果躺在床上还忧虑着明天的事而睡不好，第二天就不可能有足够的精力做那一天该做的事了。因此，我现在每晚睡觉时候就自觉在脑中把明天关闭掉，直到黎明到来。我现在睡得比以前好多了，而第二天也就精神百倍了。"

"我对一句话印象特别深刻—— '今天就是你昨天所忧虑的明天'。听到这句话，我很受触动。因此，我坐下来集中精神想'忧虑'是怎么一回事，终于悟出一个道理。第二天我就把这句话贴在了办公桌旁的墙上：忧虑只能减少你的资源。"除了在时间上掌握住当下之外，我们还可以随时随地通过帮助他人而增加

自己的快乐。快乐不只是在远方，而就在我们的身边。事实上，
我们的长处也可以因为帮助别人而获得加强。无所事事的人常常
会给自己添加麻烦，而一个真正忙碌的人尤其是忙于帮助别人的
人几乎没有时间沉湎于忧虑中，这样他的幸福感就会增强。

　　一位家庭主妇也有过类似的故事。"八年来我感到非常不快
乐，"她说，"我的子女都已经长大了，他们不再需要我。我觉
得非常空虚，非常没有价值。"

　　"一个周末的清晨，我突然听见邻居家传来哭喊声，我的邻
居在语无伦次地大声喊叫。我赶紧跑到她的家里，发现她昏昏然
地到处乱走，看上去很不舒服。我把她扶到床上，又请了医生
来。接下来连续四天，我奔走于两个家之间，同时照顾她和我自
己的家人。等到了第四天，她的病情好转，我就给她揉揉背。这
个时候，她突然对我说，'你知道吗？你真像一名护士。'

　　"从那个时候开始，我就开始计划去做一名护士。第二个星
期，我到附近的一家医院去报了名，院方同意让我做一名志愿护
士。说实话，我非常喜爱这项工作。那一年年底，我又申请报名
了他们的护士学校，开始接受正规培训。虽然那是我一生中最辛
苦的一年，我每天早上七点到达医院，直到下午四点钟才能回

家，而回家后还有家务要做，晚上还要做上三四个小时的家庭作业。有好几次我几乎想要放弃。幸好有另外一名和我一样大的太太和我同班，我们两个是班级上最年长的，靠着互相打气我们才坚持下去，最后两个人都顺利毕业了。毕业那天真是我一生中最快乐的日子，家人和朋友都参加了我的毕业典礼，他们都为我感到骄傲。

"从那以后我不断努力，终于成为一个有执照的护士，并获得护理学的准学士学位，现在我正在向着学士学位努力。以前那些烦扰我的家庭问题以及空虚的感觉都一扫而空。现在我每天忙于自己的新事业，并且乐在其中。"

生活中，我们常常会面临一些自己无法克服的困难。对于这种无可奈何的情形，卡耐基提出了极为乐观的解决办法。他认为，苦难既然不可避免，我们与其选择逃避，不如学着去应付问题，并且接受那些不可避免的麻烦。但是他警告说，不要为苦难而忧虑，因为忧虑比苦难本身更有害。

人们之所以感到忧虑，最主要的一个原因是想要胜过别人或想做某一个人而不得。俗话说，人比人，气死人。我们每个人必须做我们自己才能心情舒畅，况且我们根本不可能完全像另一个人。如果谁非要用一种不属于自己的方式去做事情，那么可以预计，他是不可能成功的。

　　爱默生在他的《靠自己》这篇论文中曾提到："每一个人，只要他接受教育到某一个阶段就会得到一个共同看法，那就是'羡慕即为无知，模仿等于自杀'。不论一件事情的结果是好是坏，每个人都应该按照自己的想法和方式去做。虽然世界上充满了美好和善良的品质，但是他必须在自己的那块土地上辛勤耕种，然后才会收获有营养的食物，快乐也才会来到他的面前。一个人如果想要知道他能够做什么，只有在他试过之后才知道。"